JIXIE YUANLI YU SHEJI
XITI JI ZHIDAO

机械原理与设计习题及指导

主　编◎芮守凤　邢冠梅
副主编◎吴冬霞　陈艳丽

同济大学出版社
TONGJI UNIVERSITY PRESS
·上海·

内 容 提 要

本书是根据教育部制定的“机械原理、机械设计课程教学基本要求”，并配合《机械原理与设计》(同济大学出版社，2024年8月)教材而编写的.

本书每章包含学习要求、重点和难点、学习指导、典型例题及习题五个部分，目的是帮助学生进一步理解本课程的基本内容，明确学习的基本要求，掌握重点，理解难点，通过习题的练习加深理解，掌握本课程的基本理论、基础知识、基本方法和基本技能，从而能够更好地理解和掌握教材的内容，达到良好的学习效果.

本书可作为高等院校学生学习机械原理与设计、机械设计基础等课程的辅助教材，也可供相关专业的师生及相关技术人员参考使用.

图书在版编目(CIP)数据

机械原理与设计习题及指导/芮守凤，邢冠梅主编. 上海:同济大学出版社，2024.8. -- ISBN 978-7-5765-1261-8

I. TH111；TH122

中国国家版本馆CIP数据核字第2024QF5838号

机械原理与设计习题及指导

主　编　芮守凤　邢冠梅　　**副主编**　吴冬霞　陈艳丽

责任编辑　陈佳蔚　　**责任校对**　徐逢乔　　**封面设计**　渲彩轩

出版发行　同济大学出版社　www.tongjipress.com.cn
(地址:上海市四平路1239号　邮编:200092　电话:021-65985622)

经　销　全国各地新华书店

印　刷　常熟市大宏印刷有限公司

开　本　787mm×1092mm　1/16

印　张　9

字　数　225000

版　次　2024年8月第1版

印　次　2024年8月第1次印刷

书　号　ISBN 978-7-5765-1261-8

定　价　36.00元

前　　言

本书是根据教育部制定的“机械原理、机械设计课程教学基本要求”，并配合《机械原理与设计》(同济大学出版社，2024 年 8 月)教材而编写的.

本书编写的目的是指导学生更好地学习《机械原理与设计》的内容，帮助学生解决学习过程中出现的难点、疑点问题，使其能够较深入地掌握各章的重点、难点、学习方法以及应该注意的问题，以达到更好的学习效果. 本书每章包含学习要求、重点和难点、学习指导、典型例题及习题五个部分. 本书对于学习要求、重点和难点、学习方法以及在学习过程中应注意的问题作了详细的说明，并且针对教材每一章节的内容配有典型的例题详解，给出解题思路及解题过程，习题部分则是经过严格的设计和编选，难度适宜，覆盖各章的主要内容.

本书共 16 章，参加本书编写的人员有：邢冠梅(第 3，9，12，15 章)，芮守凤(第 1，2，4，6，8 章)，吴冬霞(第 5，7，11，13 章)，陈艳丽(第 10，14，16 章).

在本书的编写过程中，参阅了其他相关同类教材、文献资料，在此对参考文献的编著者表示诚挚的谢意！

由于编者的水平有限，书中如有错误及欠妥之处，恳切希望各位读者批评指正.

编　者

2024 年 5 月

Contents

目　　录

第1章 绪　　论

1.1 学习要求

(1) 掌握机器与机构、构件与零件的概念,了解它们的区别和联系.

(2) 明确机械的基本设计要求,初步理解机械零件的主要失效形式以及强度、刚度、抗磨性、振动稳定性等工作能力计算准则.

(3) 能够正确判断零件中应力的循环特性,了解疲劳断裂和疲劳点蚀的产生机理和影响因素.

(4) 了解机械设计常用材料的选用原则.

1.2 重点和难点

本章学习的重点是机器与机构、构件与零件的概念以及机械零件的工作能力计算准则.学习的难点是变应力下许用应力的确定.

1.3 学习指导

1. 机器的组成

本节概括了一台机器的组成情况,学习时应注意,不管是机器的基本组成还是其他部分,都包含由机械零、部件构成的机械系统,即使是在今天高科技时代,高水平的机电一体化的机器,其任何部分,包括控制系统在内,都离不开机械.

2. 对机械的主要要求及一般设计步骤

对机械的主要要求是为了能从其中引出对零件的基本要求而设的,对机器的要求在很大程度上是要靠零件满足设计要求来保证的.

本节从一般的概念上介绍了一台机器的设计程序.关于整台机器一般设计程序所涉及的所有问题的研究任务本课程无法囊括,机器的设计程序已成为一门新的专业课程,教材只是对机器的设计程序作简略的介绍，目的是对机器设计的过程有一个总体的了解，同时还要说明零件和部件设计在整台机器设计中所占的地位和重要性.

3. 机械零件的主要失效形式、设计准则和一般过程

本节介绍了零件失效形式的主要类型，是从完成零件技术功能的观点来定义失效的，并不涉及社会经济分析问题. 事实上，随着科学技术的进步，有时有些机械零件、部件甚至整台机器虽然没有出现教材中所列举的任何一种失效形式，但由于它们已不能适应技术发展的需要而必须予以淘汰或报废. 从广义上讲，这也是一种失效形式.

机械零件的设计准则中强度、刚度、抗磨性及振动稳定性准则，与先修的力学课程密切相关，比较容易理解.

4. 机械零件的强度

零件的应力类型与零件所受载荷的类型不是一回事，不可混淆. 应特别注意，有些静载荷作用下的零件却产生变应力. 例如，受径向力的回转轴的弯曲应力，轴承内外圈滚道表面的接触应力，等等.

疲劳曲线是研究材料疲劳强度的基本曲线，该曲线分有限寿命区和无限寿命区. 在有限寿命区，随着循环次数 N 的减小，疲劳极限增大；在无限寿命区，疲劳极限为常数，与循环次数无关. 有限寿命区和无限寿命区位于分界点处的循环次数为循环基数 N_0，其值与材料的品种、强度等因素有关.

由于机械零件部分具有综合性强、实践性强和灵活性大等特点，初学者往往会有“零碎杂乱”“难以捉摸”之感. 其实这些感觉，是由于初学者对基础课程学习比较习惯，立即转到技术基础课程不太适应而产生的.

机械零件设计问题，有其自身规律：对于每一章而言，目的明确而具体，即要求掌握某种零件的工作原理、特点、维护和设计计算的基本知识；对整体而言，是培养学生初步具有设计机械传动装置和简单机械的能力.

针对机械零件设计综合性强、实践性强的特点，学生应及时复习和应用先修课程的知识；认真地独立完成习题、设计作业、实验和课程设计；培养学生观察、拆装和分析机器及其零件的兴趣，并逐步养成联系工程实际考虑问题的习惯.

1.4 典型例题

（略）

1.5 习　题

1. 填空题

(1) 机器一般由________、________、________和控制部分组成.

(2) ________、________和________是机械设计所要求的“三化”.

(3) 机械零件常见的失效形式有________、________、________和破坏正常条件所引起

的失效等.

(4) 大小和方向不随时间变化或变化缓慢的载荷称为________,随时间变化的载荷称为________.

(5) 在静强度条件下,塑性材料的极限应力是________,而脆性材料的极限应力是________.

(6) 内燃机中的连杆是一个________(零件或构件).

2. 判断题

(1) 零件是机器的运动单元体. ( )

(2) 由两个以上零件连接在一起构成的刚性结构称为构件. ( )

(3) 连杆是一个构件,也是一个零件. ( )

(4) 完成一定功能的机械零件,在规定的条件下、规定的时间内,不能正常工作称为失效. ( )

(5) 零件的剖面形状一定,如果剖面的绝对尺寸增大,则材料的疲劳极限将减小. ( )

3. 选择题

(1) 机械是指________.

A. 机器的组合体　　B. 机构的组合体

C. 构件的组合体　　D. 机器与机构的总称

(2) 组成机器的运动单元体是________.

A. 机构　　B. 构件　　C. 部件　　D. 零件

(3) 以下不是标准零件的是________.

A. 螺栓　　B. 滚动轴承　　C. 平键　　D. 齿轮

(4) ________是零件抵抗弹性变形的能力.

A. 强度　　B. 耐磨性　　C. 刚度　　D. 韧性

(5) $\sigma_m=\sigma_a$ 的应力视为 ________ 应力.

A. 静　　B. 脉动循环　　C. 对称循环　　D. 一般循环

(6) 机器运动时考虑到零件受到各种附加载荷,故零件强度计算中的载荷应取________.

A. 平均载荷　　B. 计算载荷　　C. 名义载荷　　D. 变载荷

(7) 机械系统的零部件越多,其可靠度________.

A. 越高　　B. 越低

C. 不确定　　D. 与零件无关

4. 简答题

(1) 如图1-1所示内燃机,①请指出图中哪些是零件、构件、通用零件、专用零件、标准零件;②概述内燃机中曲柄连杆机构是由哪些构件组成的?它们的作用是什么?

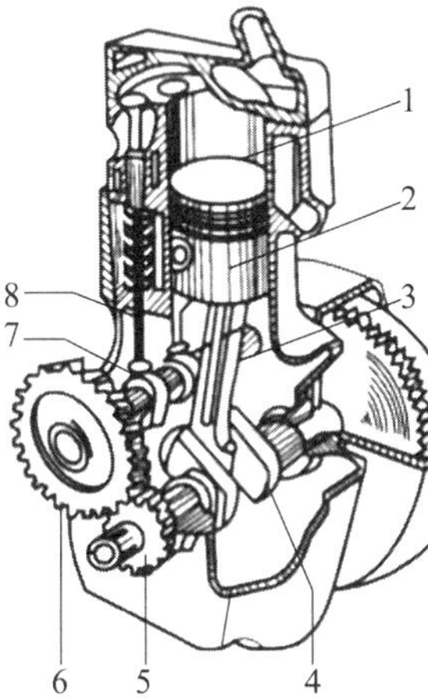

图1-1 内燃机

第2章 平面机构的运动简图及其自由度计算

2.1 学习要求

(1) 掌握运动副的定义、分类以及各种平面运动副的一般表示方法,熟练看懂平面机构运动简图,能够将实际机构绘制成机构运动简图,并学会在工程设计中运用机构运动简图.

(2) 熟练掌握平面机构自由度的计算方法,能准确计算其自由度,正确识别平面机构中存在的复合铰链、局部自由度和虚约束,弄清机构具有确定运动的条件.

(3) 了解速度瞬心法的定义,能够准确找出平面机构中各个瞬心的位置,并运用速度瞬心法对机构进行速度分析.

2.2 重点和难点

本章学习的重点是机构运动简图的绘制,用瞬心法对机构进行速度分析,机构具有确定运动的条件及平面机构自由度的计算.学习的难点是复合铰链、局部自由度及虚约束问题的判断及正确处理.

2.3 学习指导

1. 重要概念

要搞清楚有关运动副、机构运动简图、机构自由度、机构具有确定运动的条件、复合铰链、局部自由度、虚约束等重要概念,并通过各种动画演示,做到正确地理解和掌握这些概念.

2. 正确绘制机构运动简图的方法和步骤

在设计机械之初,要设计机械的机构运动简图,同时对已有的机械进行运动分析和受力分析,因此,对机构进行运动简图的绘制十分重要.能够正确地阅读和绘制机构运动简图是每一个工程技术人员必须具备的基本技能.

由于实际的机械结构状况及构件的形状较复杂，并且机械的运动仅与原动件的运动规律、运动副的类型和构件的运动尺寸有关，而与构件和运动副的具体结构、形状、剖面尺寸、组成构件的零件数及连接方式等无关. 在绘制机构运动简图时，一定要忽略与机构运动无关的因素，按照一定的比例尺来绘制机构运动简图. 用机构运动简图表示实际机械的结构和运动情况，对于初学者有一定的难度，因此，要多观察一些实际的机械，增长自己对工程实践的感性认识.

3. 平面机构自由度的计算方法及计算过程中特殊问题的处理

机构自由度的计算是分析现有机械或设计新机械时，确定所绘机构运动简图的结构正确性及运动是否确定的必要前提. 因此，要重点掌握平面机构自由度的计算方法.

计算平面机构自由度时，首先判断机构中是否存在复合铰链、局部自由度和虚约束，其次，确定机构的运动构件数、低副数和高副数，再运用平面机构自由度的计算公式 $F=3n-(2P_L+P_H)$ 进行计算，最后判断机构的自由度数目与原动件数目是否相等，以便确定机构是否具有确定的运动. 当自由度数目大于原动件数目时，某些构件运动不确定（乱动）；当自由度数目小于原动件数目时，会破坏机构的薄弱环节，这两种情况都不能成为机构. 只有当自由度数目等于原动件数目时，各构件间才具有确定的相对运动，才能成为机构.

(1) 判断复合铰链时应注意：复合铰链是指两个以上的构件在同一处以转动副连接的情形，不应仅仅根据若干构件汇交在一起来判断. 如图 2-1 所示铰链 D 处由 1, 2, 3, 4 四个构件汇交，但是构件 1, 4 组成移动副，构件 2, 3 组成移动副，而只有构件 3,4 组成转动副，因此铰链 D 处不存在复合铰链.

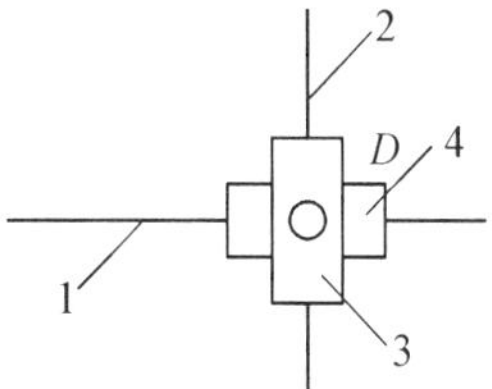

图 2-1 铰链

(2) 局部自由度是机构中某些构件所产生的局部运动，并不影响其他构件运动的自由度. 为了防止在计算自由度时错算构件数和运动副数，可先将产生局部运动的构件和与其相连的构件焊接为一整体，而后再计算机构自由度.

(3) 虚约束是指在运动副引入的约束中，有些约束对机构自由度的影响是重复的，对机构运动不起任何限制作用的约束. 要正确判断虚约束，首先应弄清虚约束的概念，其次掌握机构中虚约束常出现的场合，以及教材中介绍的五种情况. 此外，应注意机构中的虚约束都是在特定的几何条件下出现的.

4. 利用速度瞬心法对机构进行速度分析的方法

速度瞬心法是一种直观的、快捷的速度图解法，利用速度瞬心法对机构进行速度分析，其实质是利用瞬心为两构件上的瞬时绝对速度相等的重合点这一概念，掌握这种方法的关键是要正确找出所需瞬心的位置，即要找出已知运动构件和待求运动构件之间的瞬心位置. 当两构件直接通过运动副连接时，其瞬心位置很容易利用瞬心的定义直观确定；而当两构件不是直接通过运动副相连接时，其瞬心位置必须借助三心定理来确定.

2.4 典型例题

【例 2-1】 绘制如图 2-2 所示活塞泵的机构运动简图，计算该机构自由度，并判断机构运动是否确定.

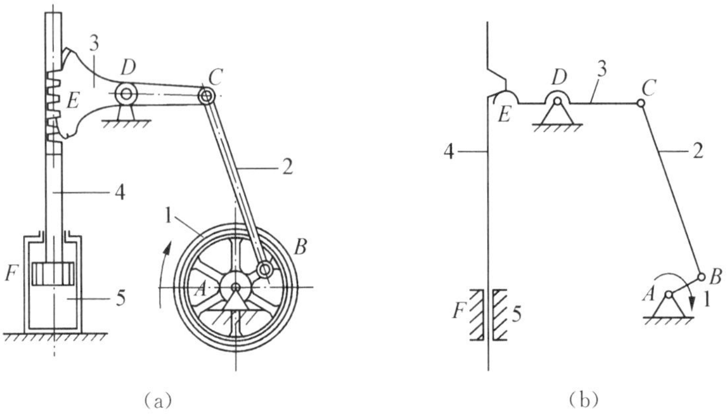

图 2 - 2　活塞泵

解　活塞泵由曲柄 1、连杆 2、扇形齿轮 3、齿条活塞 4 和机架 5 共 5 个构件组成. 曲柄 1 为原动件，构件 2，3，4 为从动件. 当原动件 1 回转时，活塞在气缸中作往复运动.

各构件之间的连接如下：构件 1 和构件 5、构件 2 和构件 1、构件 3 和构件 2、构件 3 和构件 5 之间有相对转动，分别构成转动副 A，B，C，D. 扇形齿轮 3 的轮齿与齿条活塞 4 的轮齿构成平面高副 E. 构件 4 与构件 5 之间为相对移动，构成移动副 F.

选取适当的比例，按如图 2 - 2(a)所示尺寸，用构件和运动副的规定符号绘制机构运动简图.

$$n=4,\quad P_L=5,\quad P_H=1$$
$$F=3n-(2P_L+P_H)=3\times4-(2\times5+1)=1$$

该机构自由度为 1，且仅有一个原动件，故机构具有确定的相对运动.

【例 2 - 2】　试计算如图 2 - 3 所示机构自由度，如果有局部自由度、复合铰链和虚约束应指出.

解　C 处三杆组成复合铰链，其转动副数目为 2；F 处为局部自由度，将滚子与其相连的构件焊接为一整体进行计算；G、J 为两构件在两处组成的两个移动副，且轴线重合，只有一个移动副起约束作用，所以有一个是虚约束.

该机构中 C 处为复合铰链，F 处为局部自由度，G 或 J 处为一虚约束.

$$n=8,\quad P_L=11,\quad P_H=1$$
$$F=3n-(2P_L+P_H)=3\times8-(2\times11+1)=1$$

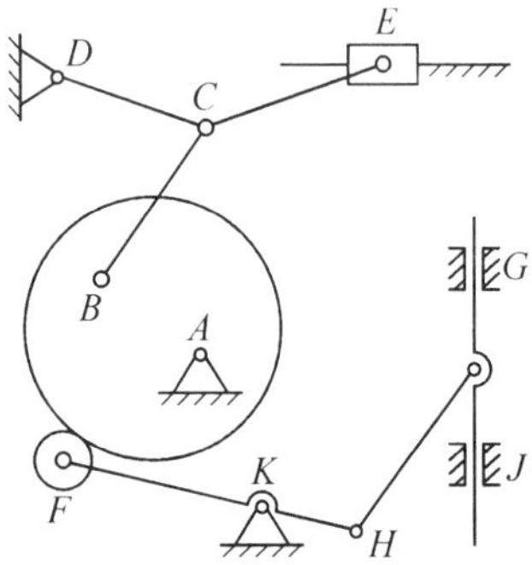

图 2 - 3　平面机构

【例 2 - 3】　试计算如图 2 - 4 所示凸轮-连杆组合机构自由度，如果有局部自由度、复合铰链和虚约束应指出.

解　C，B 两处为局部自由度，将滚子与其相连的构件焊接为一整体进行计算；F，F' 及 E，E' 两处为两构件在两处组成的两个移动副，且轴线重合，只有一个移动副起约束作用，所以共有 2 个虚约束.

该机构无复合铰链，C，B 两处为局部自由度，F，E 两处为虚约束.

$$n=5,\quad P_L=6,\quad P_H=2$$
$$F=3n-(2P_L+P_H)=3\times5-(2\times6+2)=1$$

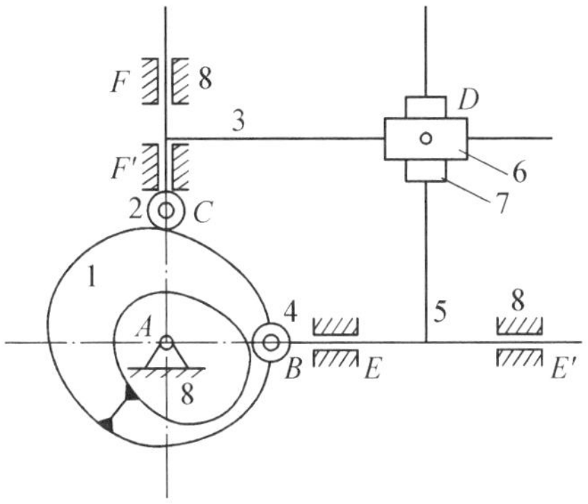

图 2-4 凸轮-连杆组合机构

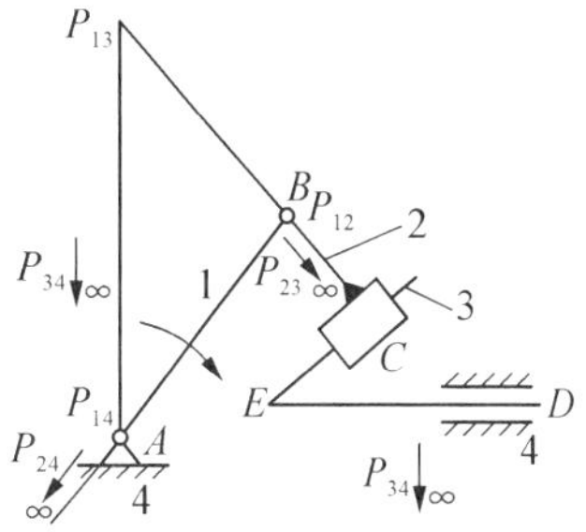

图 2-5 平面四杆机构

【例 2-4】 已知如图 2-5 所示各构件位置，构件 1 以 ω_1 作匀速转动，找出机构中的全部瞬心，并利用瞬心法求 D 点的速度.

解 该机构共有 6 个瞬心，具体位置如图 2-5 所示.

利用 P_{13} 求解 D 点速度 v_D，因为 P_{13} 是构件 1，3 的同速点，又因构件 3 作平动，各点速度相等，所以 D 点的速度为

$$v_D=v_3=\overline{P_{14}P_{13}}\omega_1$$

方向向右.

2.5 习 题

1. 填空题

(1) 平面机构中一个高副引入________个约束，一个低副引入________个约束，约束数与自由度的关系是________.

(2) 低副是两构件通过________接触而构成的运动副；高副是两构件通过________或________接触而构成的运动副.

(3) 由 m 个构件组成的复合铰链应包括________转动副.

(4) 机构要能够运动，自由度必须________，机构具有确定运动的条件是____________.

(5) 当两构件组成转动副时，其速度瞬心在________处；组成移动副时，其速度瞬心在____________处；组成既有滚动又有滑动的平面高副时，其速度瞬心在______________上.

(6) 速度瞬心是两刚体上________________为零的重合点.

(7) 铰链四杆机构共有________个速度瞬心，其中________个是绝对瞬心，________个是相对瞬心.

2. 判断题

(1) 用简单线条和符号按一定比例定出各运动副的相对位置，并能反映机构各构件间相

对运动关系的简单图形称为机构示意图. ( )

(2) 一个作平面运动的自由构件有 6 个自由度. ( )

(3) 一切自由度不为 1 的机构都不可能有确定的运动. ( )

(4) 两构件组成一般情况的高副即非纯滚动高副时，其瞬心就在高副接触点处. ( )

3. 试绘制如图 2-6 所示唧筒机构的运动简图，并计算其自由度.

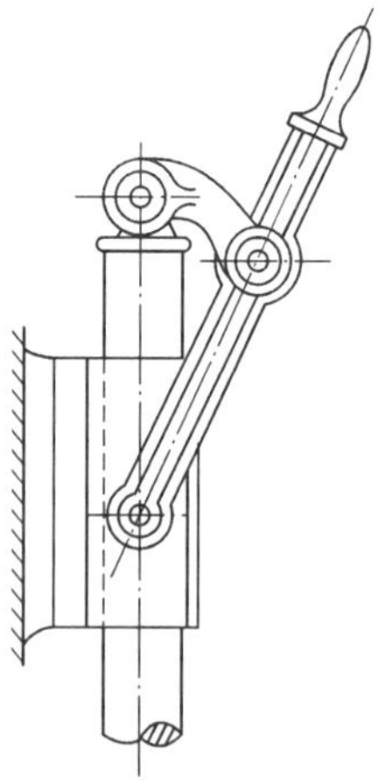

图 2-6 唧筒机构

4. 如图 2-7 所示偏心轮滑阀式真空泵. 其偏心轮 1 绕固定轴心 A 转动，与外环 2 固连在一起的滑阀 3 在可绕固定轴心 C 转动的圆柱 4 中滑动. 当偏心轮 1 按图示方向连续转动时，可将设备中的空气按图示空气流动方向从阀 5 中排出，从而形成真空. 由于外环 2 与泵腔 6 有一小间隙，故可抽含有微小尘埃的气体. 试绘制其机构运动简图，并计算其自由度及判定该机构是否具有确定运动.

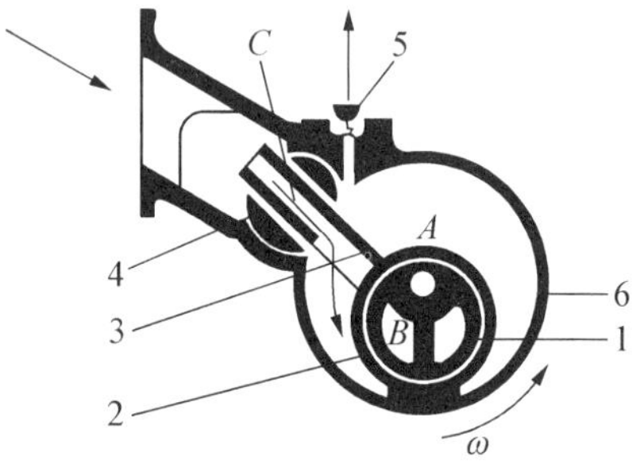

1—偏心轮；2—外环；3—滑阀；
4—圆柱；5—阀；6—泵腔

图 2-7 偏心轮滑阀式真空泵

5. 试绘制如图 2-8 所示偏心轮机构的运动简图,并计算其自由度.

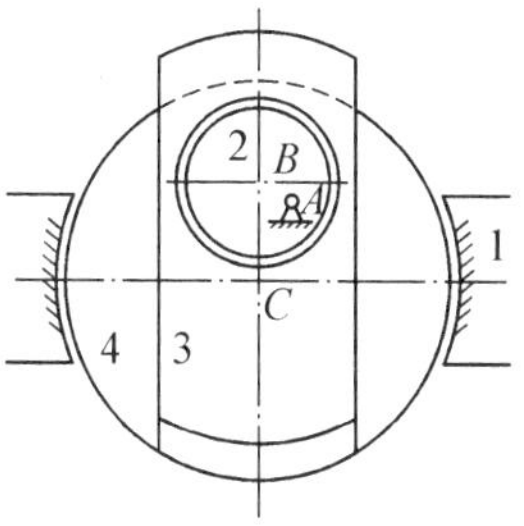

图 2-8 偏心轮机构

6. 试绘制如图 2-9 所示缝纫机下针机构的运动简图,并计算其自由度.

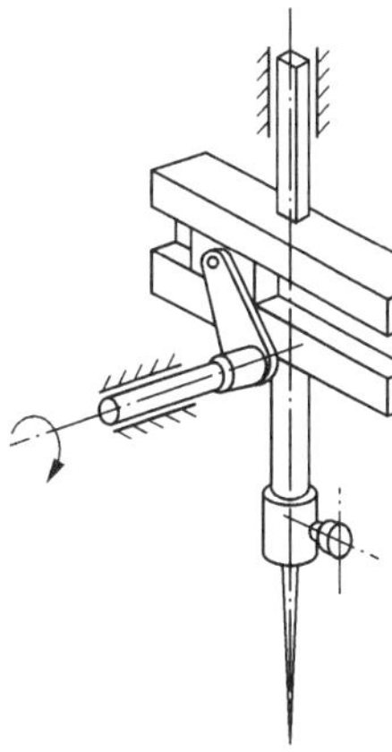

图 2-9 缝纫机下针机构

7. 如图 2-10 所示简易冲床的初拟设计方案.设计者的思路是:动力由齿轮 1 输入,使轴 A 连续回转,而装在轴 A 上的凸轮 2 与杠杆 3 组成的凸轮机构使冲头 4 上下运动,以达到冲压的目的.试绘制其机构运动简图,分析是否能实现设计意图,并提出修改方案.

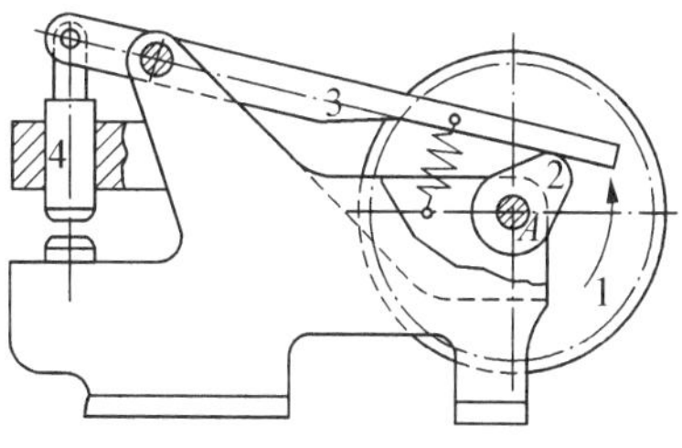

1—齿轮;2—凸轮;3—杠杆;4—冲头

图 2-10 简易冲床

8. 试计算如图 2－11 所示各类机构自由度. 如有复合铰链、局部自由度、虚约束应明确指出.

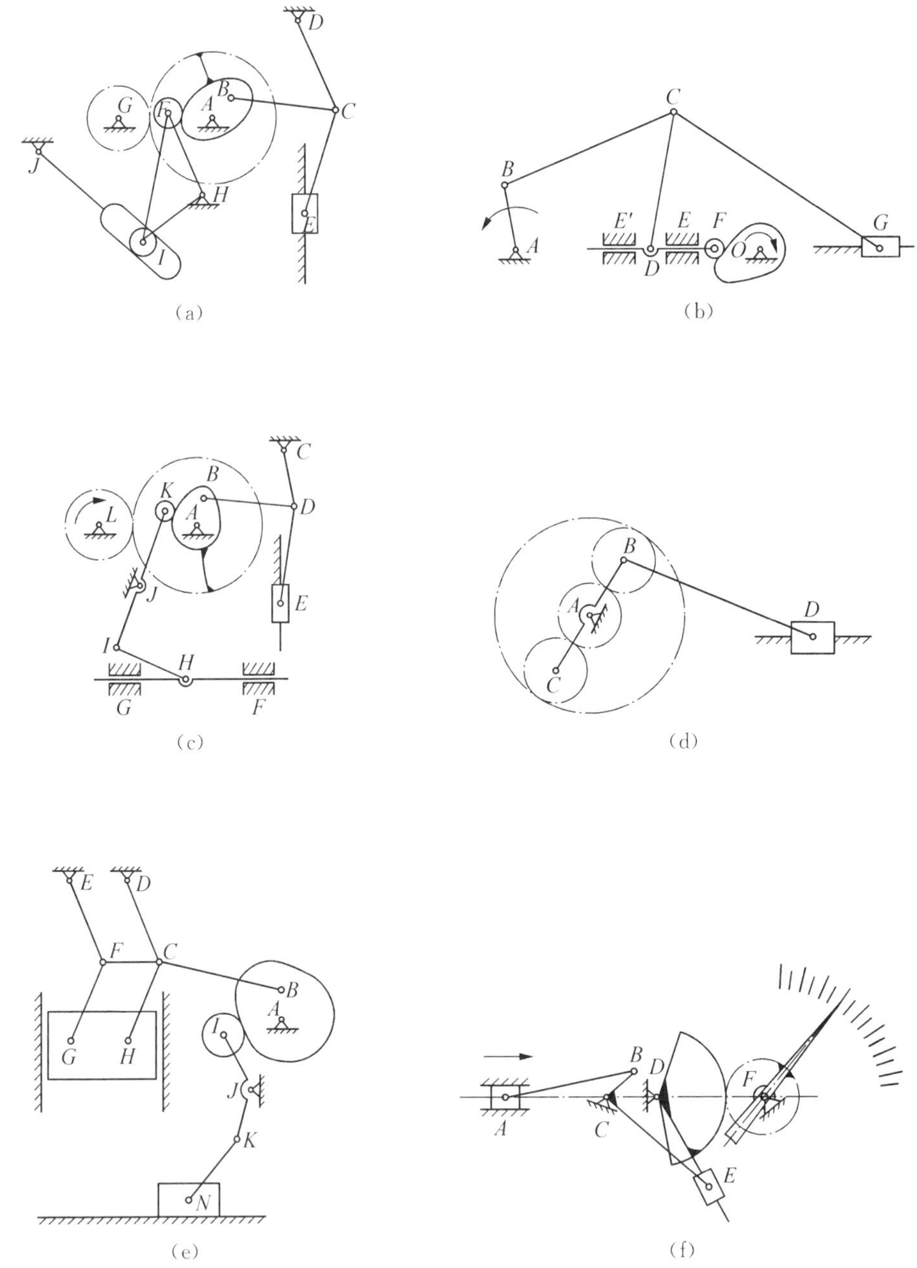

图 2－11　各类机构

9. 试求如图 2－12 所示各类机构在图示位置时全部瞬心的位置.

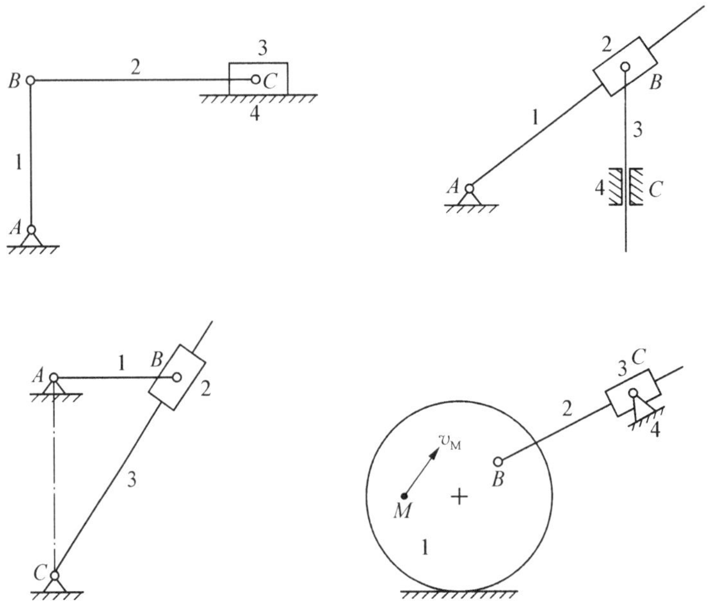

图 2－12　各类机构

10. 如图 2－13 所示凸轮机构中，已知各构件的位置和尺寸，试用瞬心法求从动件 2 的角速度 ω_2.

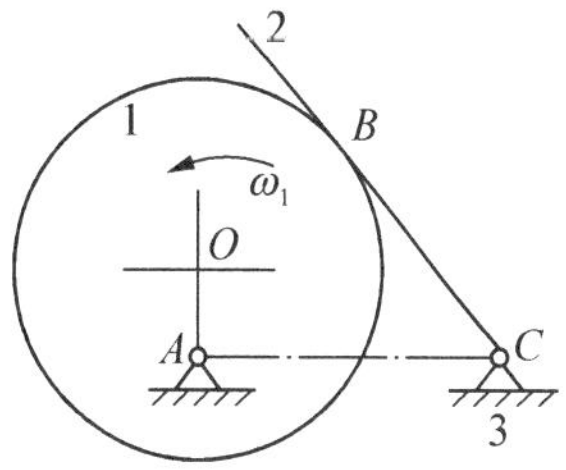

图 2－13　凸轮机构

第3章 机械中的摩擦、效率和自锁

3.1 学习要求

(1) 掌握当量摩擦系数、摩擦圆及总反力的概念和意义,能对常见的几种运动副中摩擦力或摩擦力矩和总反力进行分析和计算.

(2) 能对几种最常见的简单机构在考虑运动副中的摩擦力的情况下进行力的分析和计算.

(3) 能确定简单机械的机械效率及自锁条件.

3.2 重点和难点

本章学习的重点是几种常见运动副中摩擦力及总反力的确定,几种常见机构考虑摩擦时的力分析,机械效率的计算,机械的自锁现象和自锁条件的确定.学习的难点是转动副中总反力作用线的确定,考虑摩擦时机构力的分析以及某些机械自锁条件的确定.

3.3 学习指导

1. 运动副中摩擦力分析的方法

首先要正确理解摩擦力,摩擦对机器的工作有不利的一面,如摩擦发热改变机器的尺寸精度,摩擦引起能力损耗等.当然也有有利的一面,如许多传动装置(带传动、螺纹连接等)是靠摩擦力来工作的.其次运动副中摩擦力分析的关键是确定摩擦力的大小和总反力的方向.

(1) 移动副中的摩擦.移动副中的摩擦力大小为

$$F_{f21}=f_vG$$

式中,f_v 为当量摩擦系数,它是为了计算简便,把运动副元素的几何形状对摩擦力的影响因素代入摩擦系数中,这样,当运动副元素的几何形状不同时,只需引入不同的当量摩擦系数即可.

为使机构受力分析方便，将法向反力 F_{N21} 与摩擦力 F_{f21} 合成一个总反力 F_{R21} 来考虑(图 3－1).

移动副中总反力的方向应与法向反力偏斜一摩擦角，总反力与法向反力偏斜的方向与构件 1 相对于构件 2 的相对速度方向 v_{12} 的方向相反.

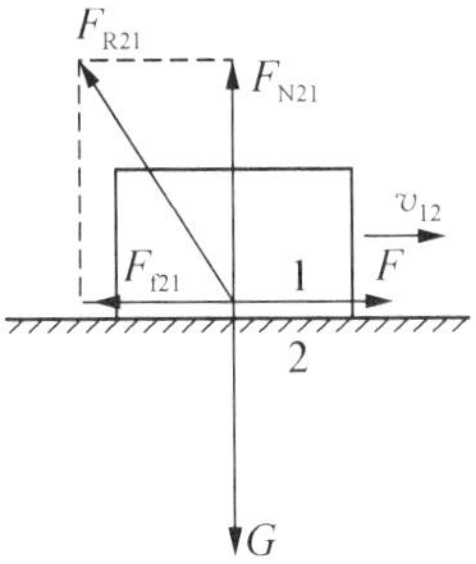

图 3－1 移动副

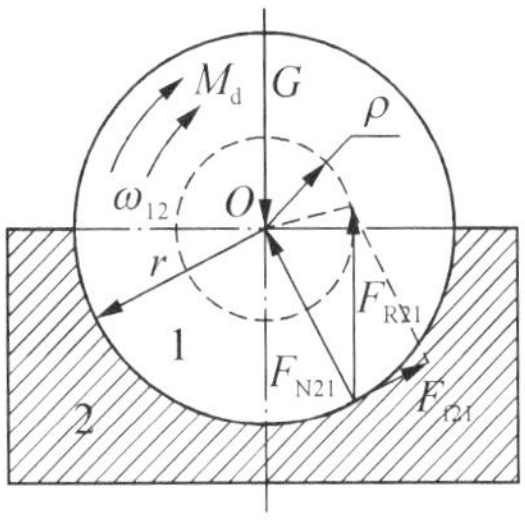

图 3－2 转动副

(2) 转动副中的摩擦. 如图 3－2 所示，轴承 2 对轴颈 1 的总摩擦力为

$$F_{f21} = f_v G$$

摩擦力 F_{f21} 对轴颈的摩擦力矩为

$$M = F_{f21} r = f_v G r = F_{R21} \rho$$
$$\rho = f_v r$$

式中，ρ 为摩擦圆半径. 由图可见，总反力切于转动副中的摩擦圆，对于转动副中总反力的确定一些同学认为比较难，其实转动副中总反力的判定具有很强的规律性，只需要按照下述步骤进行确定即可.

① 在不考虑摩擦力的情况下，根据力平衡条件，确定总反力的方向.

② 考虑摩擦力时，总反力应与摩擦圆相切.

③ 轴承 2 对轴颈 1 的总反力 F_{R21} 对轴颈中心之矩的方向应与相对角速度 ω_{12} 的方向相反.

2. 机械的效率

机械的输出功 W_r 与输入功 W_d 的比值称为机械效率. 机械效率有以下三种表达形式.

(1) 用功的形式 $$\eta = \frac{W_r}{W_d} = 1 - \frac{W_f}{W_d}$$

(2) 用功率的形式 $$\eta = \frac{P_r}{P_d} = 1 - \frac{P_f}{P_d}$$

(3) 用力或力矩的形式 $$\eta = \frac{F_0}{F} = \frac{M_0}{M}$$

用功或功率之比表示机械效率的计算大家都比较熟悉，在此基础上，本章又推导了用力或力矩之比的形式表示机械效率. 在使用该公式 $\eta = \frac{F_0}{F} = \frac{M_0}{M}$ 时应注意，式中，F_0 和 F 为驱动力，M_0 和 M 为驱动力矩. 而一个力或力矩是否为驱动力或驱动力矩，不是由我们主观假定的，而是要根据该力或力矩与构件之间的运动关系来确定的.

由常用机构或运动副组成的机械系统，常用机构的效率通过实验积累的资料可预先估定，其系统的总效率则依串（并）联不同情况计算求出.

串联系统如图 3－3 所示，其总效率为

$$\eta=\frac{P_{\mathrm{r}}}{P_{\mathrm{d}}}=\frac{P_1}{P_{\mathrm{d}}}\frac{P_2}{P_1}\cdots\frac{P_k}{P_{k-1}}=\eta_1\eta_2\cdots\eta_k$$

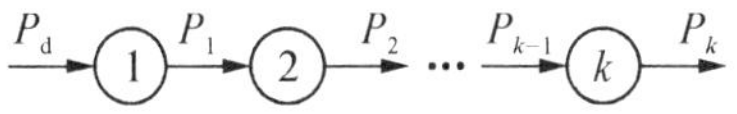

图 3－3　串联系统

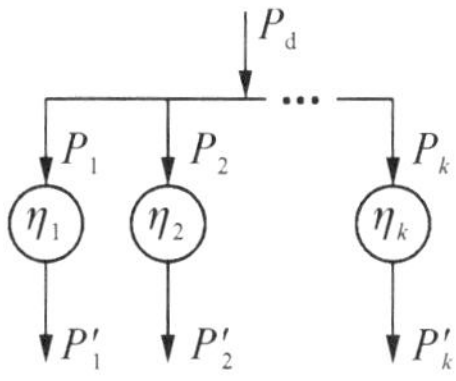

图 3－4　并联系统

并联系统如图 3－4 所示，其总效率为

$$\eta=\frac{P_{\mathrm{r}}}{P_{\mathrm{d}}}=\frac{P_1\eta_1+P_2\eta_2+\cdots+P_k\eta_k}{P_1+P_2+\cdots+P_k}$$

对于混联系统，应先弄清传动路线，再根据串（并）联的不同情况，分别列出方程式计算.

机械效率的计算很简单，并不难掌握，而由此得出的结论也很简单明确，但它们对机械设计却有很重要的指导意义.

3. 自锁现象与自锁条件

机械的自锁是一个重要的概念，对机械的性能有重要的影响，有时我们需要克服自锁，有时我们需要利用自锁完成一些工作要求，因此，必须正确理解什么是机械的自锁.

所谓自锁是指就机构本身的结构来讲是可以运动的，作用在机械上的驱动力任意增大，都无法使机构运动的现象. 为了判断机械是否发生自锁以及在什么条件下自锁，可根据已知条件和具体情况，采用下列方法之一来确定机械的自锁条件.

（1）对于移动副，当作用于滑块上的驱动力作用在其移动副的摩擦角之内（即 $\beta\leqslant\varphi$）时，将发生自锁.

对于转动副，当作用在轴颈上的驱动力为一单力 F，并作用于摩擦圆之内（即 $a\leqslant\rho$）时，将发生自锁.

这种方法用于只有一个主动力，且几何关系比较简单的情况.

（2）根据工作阻力小于等于零的条件来确定.

对于受力状态或几何关系较复杂的机构. 可根据工作阻力小于等于零的条件来确定，首先假定该机构不发生自锁，用图解法求出工作阻力与主动力的关系式，然后再令工作阻力小于等于零，即可求出机构的自锁条件. 这种方法方便解题，概念清楚，使用最广泛.

（3）利用机械效率小于等于零的条件来确定.

先根据机构不发生自锁的情况求出机械效率的数学表达式，再令机械效率恒小于等于零，即 $\eta\leqslant0$，机械发生自锁.

3.4 典型例题

【例3-1】 如图3-5所示铰链四杆机构，已知各铰链处的摩擦圆如图中虚线所示，驱动力矩为M_d，阻抗力为Q，试绘制图示位置时各转动副中总反力的作用线和方向.

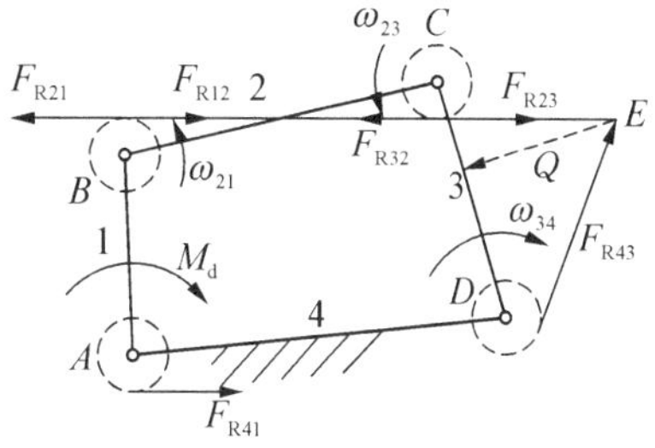

图3-5 铰链四杆机构

解 分析各构件的受力情况：构件1受F_{R41}，F_{R21}及驱动力矩M_d的作用，F_{R41}和F_{R21}应大小相等，方向相反，且互相平行，它们形成的力偶与M_d相平衡；构件2受F_{R12}，F_{R32}作用，它们大小相等，方向相反，且处于同一直线上；构件3受F_{R23}，F_{R43}，Q三力作用，三者应汇交于同一点.

分析机构的运动情况：在驱动力矩M_d的作用下，构件1相对于机架4顺时针转动；而构件2相对于构件1、构件3的方向逆时针转动；构件3相对于机架4顺时针转动.

判断构件2上两转动副B，C中总反力F_{R12}，F_{R32}的方向：先考虑无摩擦情况下总反力的粗略方向，此时构件2受压，即可粗略定出F_{R12}，F_{R32}的方向. 又F_{R12}，F_{R32}分别切于摩擦圆，F_{R12}对B之矩方向与ω_{21}方向相反，F_{R32}对C之矩方向与ω_{23}方向相反，所以可确定F_{R12}，F_{R32}的实际作用线和方向，如图3-5所示.

确定转动副A中的总反力F_{R41}的作用线：$F_{R21}=-F_{R12}$，$F_{R41}=-F_{R14}$，F_{R41}对A之矩方向与ω_{14}方向相反，可作出F_{R41}的位置线，如图3-5所示.

确定转动副D中的总反力F_{R43}的作用线：构件3受F_{R23}，F_{R43}，Q三力作用，$F_{R23}=-F_{R32}$与Q交于点E，可过点E作D处摩擦圆的切线（有两条），即为F_{R43}的可能作用线. 又F_{R43}要与F_{R23}，Q平衡，则F_{R43}的粗略方向应为$D\to E$，加之F_{R43}对D之矩方向与ω_{34}方向相反，从而可判定F_{R43}的作用线.

【例3-2】 如图3-6所示滑轮，求在力F的作用下使重物上升时，滑轮轴颈中的总反力F_{R21}的方向. 图中虚线小圆为摩擦圆.

解 在不考虑摩擦的情况下，总反力F'_{R21}应通过轴心O. 另外，滑轮1在G，F和F'_{R21}三力的作用下处于平衡，根据平衡条件，因G与F汇交于E点，故F'_{R21}也应通过E点. 如图3-6所示虚线矢量，箭头指向上.

考虑摩擦时，总反力F_{R21}仍应通过E点，并切于摩擦圆. 问题是切于摩擦圆的哪一侧？根据上述第三点，由于ω_{12}为沿顺时针方向，故F_{R21}应切于摩擦圆右侧（如图中实线矢量所示），以使F_{R21}对轴心O之矩的方向（沿逆时针）与ω_{12}的方向相反.

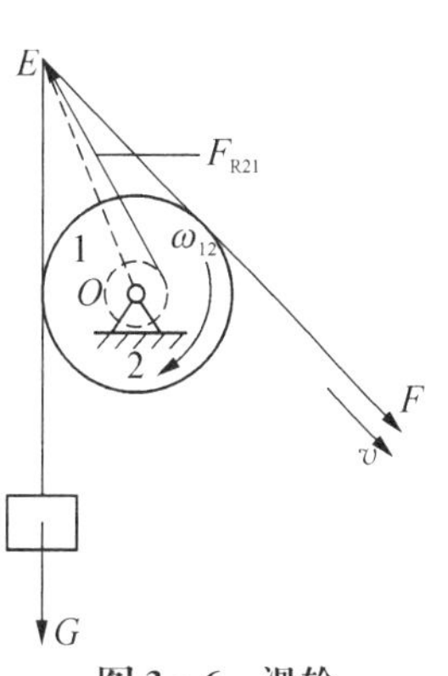

图3-6 滑轮

【例3-3】 如图3-7(a)所示焊接用楔形夹具，利用这个夹具把要焊接的工件1和1′预先夹妥，以便焊接. 图中2为夹具，3为楔块. 若已知各接触面间的摩擦系数均为f，试确定此夹具的自锁条件.

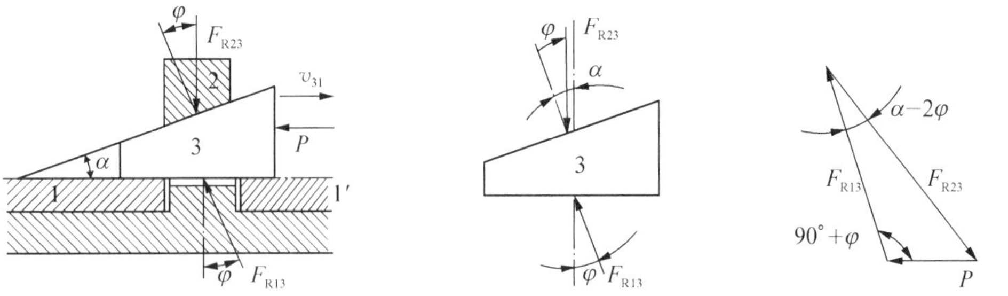

(a) 焊接用楔形夹具　　(b) 各力方向　　(c) 楔块 3 的力三角形

图 3-7　焊接用楔形夹具

解　方法 1　根据反行程时 $\eta' \leqslant 0$ 的条件来确定. 反行程时(楔块 3 退出)取楔块 3 为分离体,其受工件 1(及 1′)和夹具 2 作用的总反力 F_{R13} 和 F_{R23} 以及支持力 P. 各力方向如图 3-7(b)所示. 根据楔块 3 的平衡条件,作力封闭三角形,如图 3-7(c)所示. 由正弦定理可得

$$F_{R23}=\frac{P\cos\varphi}{\sin(\alpha-2\varphi)}$$

当 $\varphi=0$ 时,$F_{R23_0}=\dfrac{P}{\sin\alpha}$,得此机构反行程的机械效率为

$$\eta'=\frac{F_{R23_0}}{F_{R23}}=\frac{\sin(\alpha-2\varphi)}{\cos\varphi\sin\alpha}$$

令 $\eta'\leqslant 0$,可得自锁条件为 $\alpha\leqslant 2\varphi$.

方法 2　根据反行程时工作阻力小于或等于零的条件来确定. 楔块 3 的力三角形,如图 3-7(c)所示,由正弦定理有

$$P=\frac{F_{R23}\sin(\alpha-2\varphi)}{\cos\varphi}$$

若楔块 3 不自动松脱,则应使 $P\leqslant 0$,即得自锁条件为 $\alpha\leqslant 2\varphi$.

方法 3　根据运动副的自锁条件确定. 由于工件被夹紧后力 P 就被撤销,故楔块 3 的受力如图 3-7(b)所示,楔块 3 就如同一个受到 F_{R23}(此时为驱动力)作用而沿水平面移动的滑块. 故只要 F_{R23} 作用在摩擦角 φ 之内,楔块 3 即发生自锁,即 $\alpha-\varphi\leqslant\varphi$,得 $\alpha\leqslant 2\varphi$.

3.5 习　题

1. 选择题

(1) 当运动副元素的材料一定时,当量摩擦系数取决于________.

A. 运动副元素的几何形状　　B. 运动副元素间的相对速度大小

C. 运动副元素间作用力大小　　D. 运动副元素间温差大小

(2) 在由若干机器并联构成的机组中,若这些机器中单机效率相等,均为 η_0,则机组的总

效率 η 必有如下关系：________.

A. $\eta > \eta_0$　　B. $\eta < \eta_0$

C. $\eta = \eta_0$　　D. $\eta = \eta_0^n$（n 为单机台数）

(3) 机械的自锁与________有关.

A. 力的大小　　B. 力的方向

C. 机构的几何形状　　D. B和C

(4) 机械中采用环形轴端支承的原因是________.

A. 加工方便　　B. 避免轴端中心压强过大

C. 便于磨合轴端端面　　D. 提高承载能力

2. 判断题

(1) 移动副在材料、外载荷相同的情况下，槽面接触、圆柱面接触比单一平面接触的摩擦力大，其原因是摩擦系数大. (　　)

(2) 在考虑摩擦时，移动副中的总反力方向恒与相对运动方向成钝角. (　　)

(3) 在考虑摩擦时，转动副中的总反力方向恒切于摩擦圆. (　　)

(4) 自锁的机械一定不能运动. (　　)

3. 如图 3-8 所示曲柄滑块机构中，设已知机构尺寸，图中虚线圆为摩擦圆，滑块与导路的摩擦角为 φ. 驱动力为 F，阻力矩为 M. 试在下列各机构位置运动简图中绘制各运动副中总反力方向.

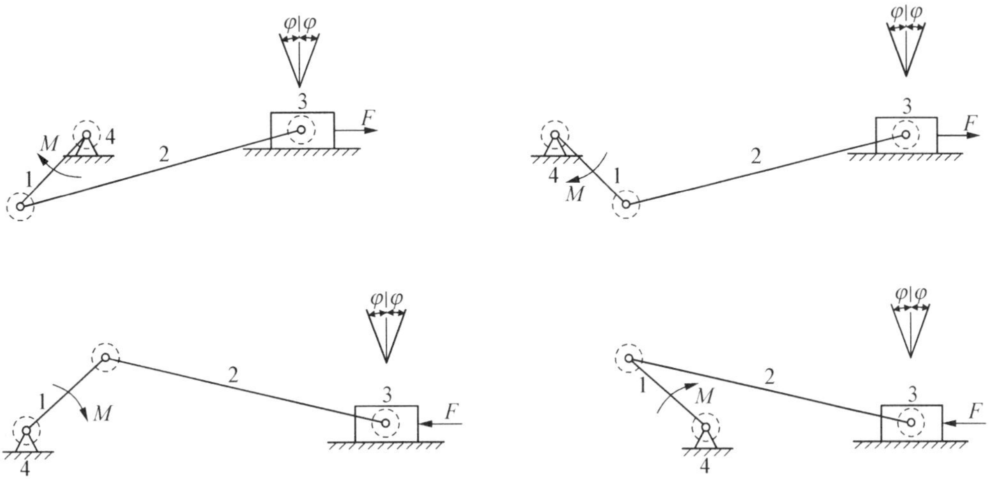

图 3-8　曲柄滑块机构

4. 如图 3-9 所示平底从动件偏心圆凸轮机构，已知 Q 为工作阻力，转动副的摩擦圆及滑动摩擦角 φ 已示于图中.

(1) 在图中绘制各运动副总反力的作用线及方向；

(2) 写出应加于凸轮上驱动力矩 M_d 的表达式.

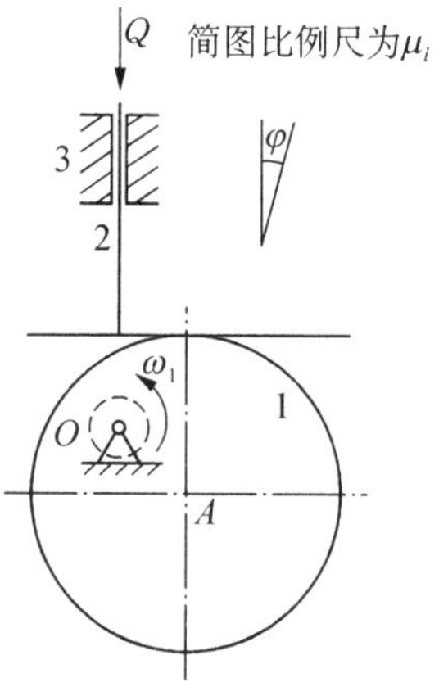

图 3-9　平底从动件偏心圆凸轮机构

5. 如图 3-10 所示摆动推杆盘形凸轮机构，凸轮 1 沿逆时针方向回转，F 为作用在推杆 2 上的外载荷，试确定各运动副中总反力（F_{R31}，F_{R12} 及 F_{R32}）的方位（不考虑构件的重量及惯性力，图中虚线小圆为摩擦圆，运动副 B 处摩擦角 $\varphi=10°$）.

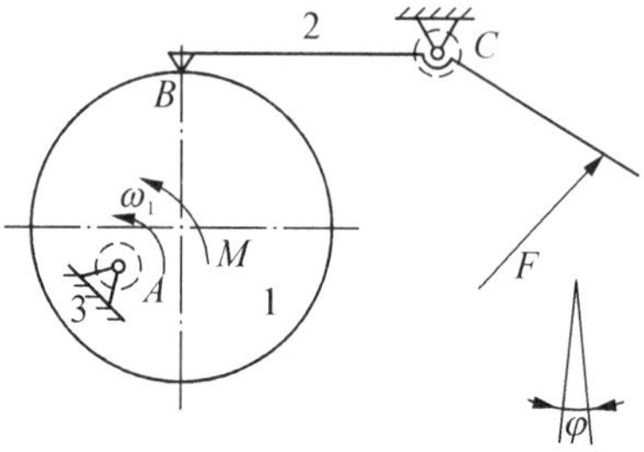

图 3-10　摆动推杆盘形凸轮机构

6. 如图 3-11 所示夹紧机构中，虚线圆为摩擦圆，φ 为摩擦角，试用图解法：

(1) 求出在图示位置欲产生 $Q=400$ N 的法向预紧力，需要加在手柄上的力 F 为多少？

(2) 判断当去掉力 F 后，该机构是否自锁，为什么？

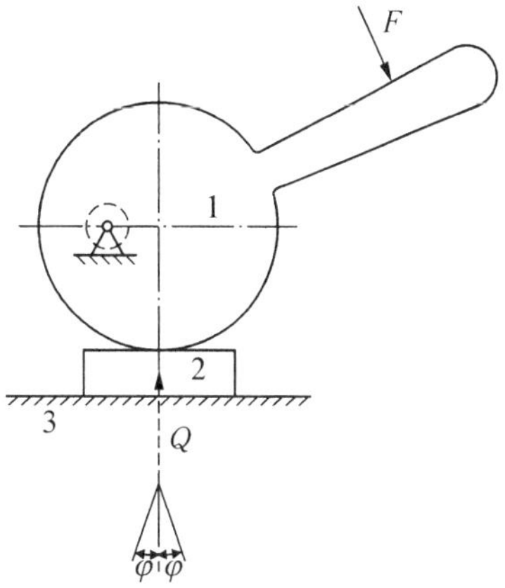

图 3-11　夹紧机构

7. 如图 3-12 所示夹紧机构中，虚线圆为摩擦圆，用图解法求(注：构件 2，4 之间摩擦不计，规定力比例 $\mu_F=2$ N/mm)：

(1) 在图示位置欲产生夹紧力 $Q=100$ N 所需的驱动力 F；

(2) 该机构在瞬时位置的效率 η.

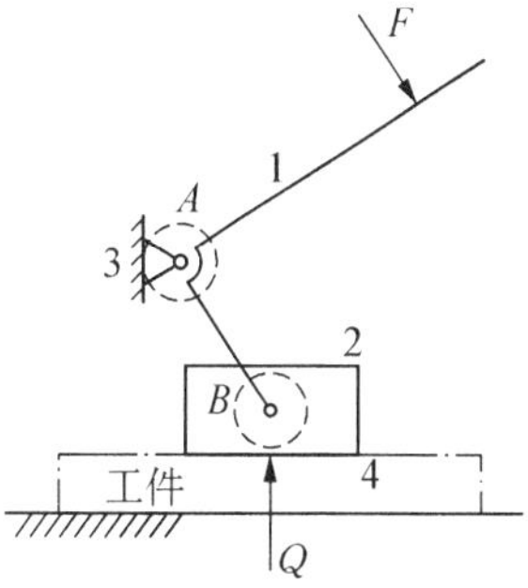

图 3-12　夹紧机构

第4章 平面连杆机构

4.1 学习要求

（1）了解连杆机构的传动特点及其主要优、缺点.

（2）了解平面连杆机构的基本类型、演化方法、演化型式以及平面连杆机构的应用实例.

（3）掌握平面四杆机构的运动特性（如四杆机构中曲柄存在的条件、急回特性及行程速比系数、压力角及传动角、死点、运动连续性等）及传力特性.

（4）掌握按照连杆的预定位置、给定的行程速比系数、给定的运动轨迹等要求来设计平面四杆机构的基本方法.

4.2 重点和难点

本章学习的重点是平面四杆机构的基本型式及其演化方法，有关四杆机构的运动特性和传力特性. 学习的难点是按照连杆的运动位置、给定的行程速比系数以及给定运动轨迹等要求设计四杆机构的基本方法.

4.3 学习指导

1. 平面四杆机构的基本类型及其演化

（1）基本型式

平面四杆机构的基本型式为平面铰链四杆机构. 在此机构中，与机架相连的构件称为连架杆，能作整周转动的连架杆称为曲柄，而只能在小于 180°范围内作摇摆运动的连架杆称为摇杆. 按连架杆的运动形式，平面铰链四杆机构分为曲柄摇杆机构、双曲柄机构和双摇杆机构.

在铰链四杆机构中，需掌握连架杆、连杆、整转副、摆动副、曲柄、摇杆等的基本概念.

（2）机构的演化

铰链四杆机构可通过以下三种方式演化出其他型式的四杆机构.

① 转动副演化成移动副.

② 扩大转动副.

③ 取不同的构件为机架.

四杆机构的基本型式及其演化是认识连杆机构的基础,在学习过程中,为了能够更好地掌握这部分的内容,需要注意以下三点.

首先,由转动副演化成移动副所作的机构演化可知,移动副可以认为是转动副的一种特殊情况,即转动中心位于垂直于移动副导路的无限远处的一个转动副,从工程实际的角度来看,我们往往可以把无限远理解为足够远的一个有限值. 这样就可把含有移动副的四杆机构与全转动副的四杆机构完全统一起来了. 由全转动副四杆机构得出的结论可直接推广到含移动副的四杆机构中去.

其次,由扩大转动副所作的机构演化可知,偏心轮滑块机构与曲柄滑块机构在运动学上是完全等效的. 当然从强度的观点来说,偏心轮的强度要高得多;而从摩擦的观点,因偏心轮的半径 r 大得多,故其摩擦损耗也就大得多.

最后,选取不同的构件为机架的演化(机构的倒置)是相对运动原理在机械学中的应用.

2. 平面四杆机构的基本特性

有关四杆机构的基本特性是深入了解四杆机构性能的重要基础,应给予足够的重视,对这部分内容的学习,仍要以掌握铰链四杆机构的基本特性为重点,在此基础上,再利用机构的演化可将这些基本特性推广到其他演化型式的四杆机构的分析上去.

(1) 铰链四杆机构曲柄存在的条件

铰链四杆机构曲柄存在的充分条件:

① 最短杆与最长杆长度之和小于或等于其余两杆长度之和,这个条件又称为杆长条件.

② 连架杆和机架中必有一杆为最短杆.

当铰链四杆机构满足杆长条件,取最短杆为连架杆时,得到曲柄摇杆机构;取最短杆为连杆时,得到双摇杆机构;取最短杆为机架时,得到双曲柄机构.

如果铰链四杆机构不满足杆长条件时,无论取哪个构件为机架,均不存在曲柄,因而机构只能是双摇杆机构.

判断四杆机构是否存在曲柄是确定一个四杆机构所属类型和预测其可能的运动形式变换特性的前提条件,对为四杆机构选择原动机的类型很重要,因为以普通电动机作为原动机时,拖动曲柄最为方便. 同时还应该掌握运动链中有周转副的条件,如果四杆机构中要有曲柄存在,那么组成这个四杆机构的运动链中一定要有周转副存在. 如果这个运动链中不存在周转副,那么无论取哪个构件为机架,所得机构都不会有曲柄存在.

(2) 急回运动特性和行程速比系数

当平面连杆机构的原动件作匀速定轴转动时,从动件(相对于机架)作往复运动(摆动或移动),并且从动件的正行程和反行程的平均速度不相等,称为该机构具有急回特性. 其急回特性的程度用行程速比系数 K 来衡量,即

$$K=\frac{v_2}{v_1}=\frac{180^\circ+\theta}{180^\circ-\theta}\quad 或\quad \theta=180^\circ\frac{K-1}{K+1}$$

急回特性必须掌握以下三点:①从动件有急回时,一定是曲柄作主动件. ②从动件处在

极限位置时，曲柄与连杆两次共线，即一次拉直共线，一次重叠共线. ③曲柄摇杆机构一般有急回运动，但也可能无急回运动（属于特例），机构是否有急回运动需要求极位夹角来判断：若 $\theta \neq 0$，则有急回运动，且 θ 越大，机构的急回运动就愈显著；若 $\theta = 0$，就无急回运动. 例如，一个对心曲柄滑块机构，因其极位夹角 $\theta = 0$，机构就没有急回特性，但是一个偏置曲柄滑块机构，因其极位夹角 $\theta \neq 0$，机构就有急回特性；摆动导杆机构的摆角与极位夹角相等，它有急回特性，但转动导杆机构就没有急回特性.

（3）压力角和传动角

在不计构件的惯性力、运动副中的摩擦力和机构的重力的情况下，主动件通过连杆作用在从动件上的力的作用线与其作用点的速度方向所夹的锐角称为压力角 α. 把压力角的余角 γ，即连杆与从动件摇杆所夹的锐角称为传动角.

压力角和传动角是表征机构传力性能好坏的重要指标，传动角 γ 愈大，即压力角愈小，机构的传力性能愈好，效率愈高. 齿轮机构、凸轮机构等都涉及压力角的问题，所以一定要把压力角的概念搞清楚.

连杆机构中的传动角和压力角与机构所选定的主动件有关，且其大小一般是随机构的位置不同而不同，是变化的. 为了使机构传动的质量良好，一般规定机构的最小传动角 $\gamma_{\min} \geqslant 40^\circ$. 根据曲柄摇杆机构的几何尺寸，最小传动角出现在曲柄与机架两次重叠共线的位置之一处.

（4）死点

在曲柄摇杆机构中，如以摇杆为主动件，曲柄为从动件，当连杆与从动曲柄共线时，机构的传动角为 0，主动件通过连杆作用于从动件上的力恰好通过其回转中心，这时无论驱动力有多大，都不能使机构运动，出现顶死的现象，这时的机构位置称为死点.

死点的概念似乎与之前所学的“自锁”相似，但二者的实质是不同的，机构之所以发生自锁，是由于机构中存在摩擦的关系，而当连杆机构处于死点时，即使不存在摩擦，机构也不能运动，这就是它们之间的区别.

死点位置对于要求连续传动的机构来说是不利的，应该采取措施加以克服，如可采用安装飞轮加大惯性的方法，借助惯性作用闯过死点（如缝纫机机构）；还可以采用将两组以上的相同机构组合使用，使各组机构的死点相互错开排列的方法，如机车车轮的联动机构. 当然工程中也常常利用机构的死点来实现一定的工作要求.

3. 平面四杆机构的设计

熟练掌握连杆机构的各种设计方法，并能根据具体的设计问题选择恰当的设计方法进行设计. 连杆机构设计所用的方法有图解法和解析法，对这些内容教材中已经做了详细的介绍，所以学习时应注意各种设计方法的优缺点及适用场合.

随着计算机和计算技术的发展，解析法是现今连杆机构设计的一个研究发展方向，但图解法因其简单明了，易于掌握，且对于大多数工程实际问题来说，用图解法设计就完全能满足工作的需要，故连杆机构的图解法设计仍是一种有效实用的工程方法. 对于复杂运动要求的连杆机构设计（如轨迹设计等），这时需要借助于实验法进行图解设计可获得求解.

4.4 典型例题

【例 4－1】 如图 4－1 所示铰链四杆机构 $ABCD$，已知杆长 $l_{AB} = 100$ mm，$l_{BC} =$

250 mm，$l_{AD}=300$ mm. 试求当此机构为双摇杆机构时，摇杆 CD 的长度变化范围.

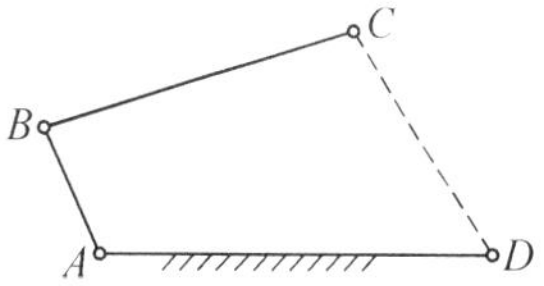

图 4-1　铰链四杆机构

解　此机构为双摇杆机构，根据平面四杆机构有曲柄的条件有两种可能：

(1) 满足杆长条件且连杆 BC 为最短杆，显然此条件不满足.

(2) 不满足杆长条件：

CD 为最短杆，此时 $l_{CD}+l_{AD}>l_{AB}+l_{BC}$，得 $l_{CD}>50$ mm；

CD 为最长杆，此时 $l_{CD}+l_{AB}>l_{AD}+l_{BC}$，得 $l_{CD}>450$ mm，且 $l_{CD}<l_{AB}+l_{AD}+l_{BC}=650$ mm；

CD 为中间长，此时 $l_{AD}+l_{AB}>l_{CD}+l_{BC}$，得 $l_{CD}<150$ mm.

综上所述，摇杆 CD 的变化范围为

$$50\ \text{mm}<l_{CD}<150\ \text{mm}\quad 或 \quad 450\ \text{mm}<l_{CD}<650\ \text{mm}$$

【例 4-2】　如图 4-2 所示四杆机构，其各杆件的长度为 $a=150$ mm，$b=500$ mm，$c=300$ mm，$d=400$ mm. 试问：

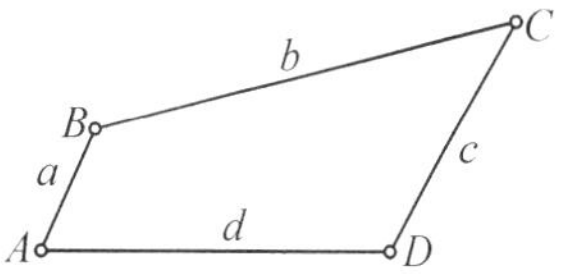

图 4-2　四杆机构

(1) 当取杆件 d 为机架时，是否存在曲柄？如果存在，则哪一杆件为曲柄？

(2) 如选取别的杆件为机架，则分别得到什么类型的机构？

解　(1)判断机构是否存在曲柄，实质问题是判断两个固定铰链是否有整转副的存在，因该铰链四杆机构中最短杆为 AB 杆，最长杆为 BC 杆，且有

$$(500+150)<(300+400)$$

所以存在整转副，并且最短杆上的两个铰链为整转副. 当取杆件 d 为机架时，连架杆 AB 为曲柄，连架杆 CD 为摇杆，该机构为曲柄摇杆机构.

(2) 当取杆件 a 为机架时，连架杆 BC 和 AD 都为曲柄，该机构为双曲柄机构；当取杆件 b 为机架时，连架杆 AB 为曲柄，连架杆 CD 为摇杆，该机构为曲柄摇杆机构；当取杆件 c 为机架时，连架杆 BC 和 AD 都为摇杆，该机构为双摇杆机构.

【例 4-3】　如图 4-3 所示为一偏距 $e=20$ mm 的摆动导杆机构，曲柄 $l_{AB}=30$ mm，机架 $l_{AD}=60$ mm.

(1) 试绘制导杆机构的极限位置、极位夹角 θ 和导杆的摆角 φ；

(2) 标出导杆在极限位置的压力角、传动角.

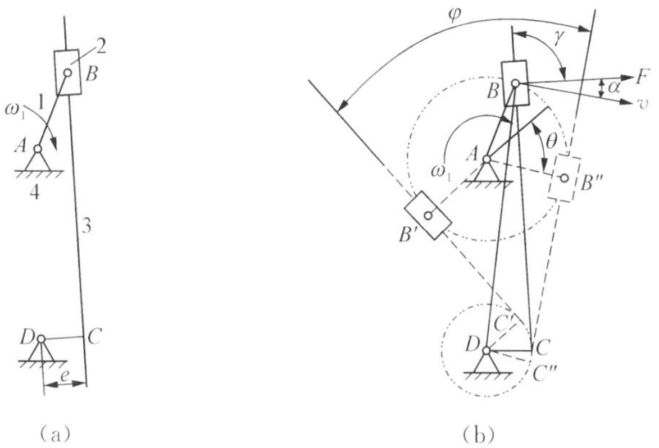

图 4-3　摆动导杆机构

解　分析偏置摆动导杆机构,导杆的极限位置与曲柄圆相切,导杆的偏距与形状不变.

【例 4-4】 试给出如图 4-4 所示平面四杆机构的名称,并回答:

(1) 该机构有曲柄的条件;

(2) 该机构有无急回运动;

(3) 该机构有无死点,在什么条件下出现死点;

(4) 构件 AB 主动时,在什么位置有最小传动角.

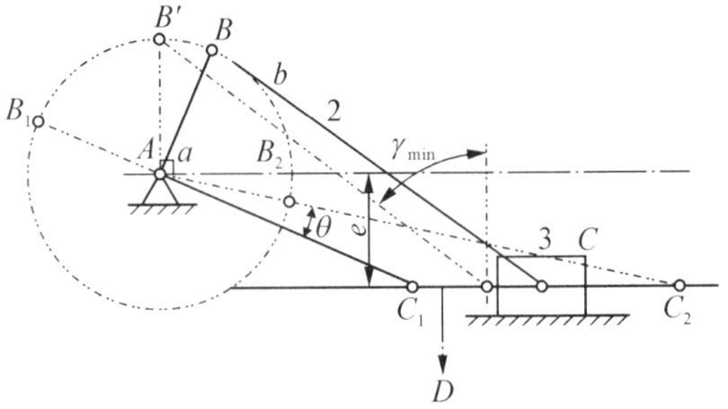

图 4-4　平面四杆机构

解　该四杆机构为偏置曲柄滑块机构.

(1) 若该机构有曲柄,可依据铰链四杆机构有曲柄的条件进行分析.偏置曲柄滑块机构可看作是固定铰链中心 D 在垂直导路无穷处的铰链四杆机构.设 CD 长为 l_{CD},则机架长 $l_{AD}=l_{AB}+e>l_{CD}$.利用杆长条件 $l_{AD}+l_{AB}\leqslant l_{CD}+l_{BC}$,得 $a+e\leqslant b$,它自然满足 AB 杆最短的条件,此时 AB 即为曲柄.

(2) 因为有极位夹角存在,所以有急回运动.

(3) 当滑块 C 为原动件时,在滑块的两个极限位置 C_1, C_2 处,传动角 $\gamma=0°$, 该机构存在死点.

【例 4-5】 已知颚式破碎机的行程速比系数 $K=1.4$,动颚板长度 $l_{CD}=300$ mm,摆角 $\varphi=35°$,颚板在极限位置 DC_1 时铰链 C_1 与 A 之间的距离 $l_{AC1}=225$ mm,求曲柄 l_{AB}、连杆 l_{BC} 和机架 l_{AD} 的长度.

解　此题是已知行程速比系数设计四杆机构,因此可先作出固定铰链 A 所处的圆,再根据 l_{AC_1} 值即可确定 A 的位置.具体步骤如下:

(1) 求极位夹角 θ, $\theta=180°\dfrac{K-1}{K+1}=30°$.

(2) 任取机架铰链中心 D,选长度比例尺 $\mu_l=0.005$ m/mm,作出摇杆的两极限位置 C_1D, C_2D,如图 4-5 所示.

(3) 以 C_1C_2 为弦,作圆周角 $\theta=30°$ 的圆.

(4) 以 C_1 为中心,以 $AC_1=\dfrac{l_{AC1}}{\mu_l}=45$ mm 为半径作圆弧交圆于 A.再以 A 为圆心,以 $AB=\dfrac{AC_2-AC_1}{2}$ 为半径作圆,即可设计出四杆机构 AB_1C_1D.由图 4-5 中可量得 $l_{AB}=55$ mm, $l_{BC}=280$ mm, $l_{AD}=185$ mm.

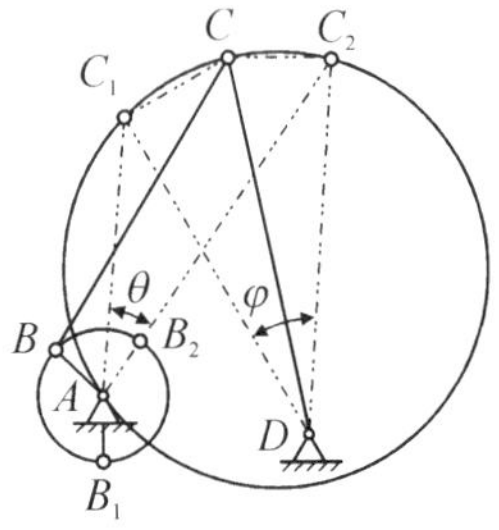

图 4-5　颚式破碎机

4.5　习　　题

1. 选择题

(1) 平面四杆机构工作时,其传动角________.

A. 始终保持为 90°　B. 始终是 0°　　C. 是变化值

(2) 设计连杆机构时,为了具有良好的传动条件,应使________.

A．传动角大一些，压力角小一些

B．传动角和压力角都小一些

C．传动角和压力角都大一些

(3) 当曲柄摇杆机构的原动件曲柄位于________时，机构的传动角最小．

A．曲柄与连杆共线的两个位置之一　　B．曲柄与机架相垂直的位置

C．曲柄与机架共线的两个位置之一　　D．摇杆与机架相垂直时，对应的曲柄位置

(4) 铰链四杆机构的压力角是指在不计摩擦情况下连杆作用于________上的力与该力作用点的速度间所夹的锐角．

A．主动件　　B．从动件　　C．机架　　D．连架杆

(5) 下列机构中：在①对心曲柄滑块机构；②偏置曲柄滑块机构；③平行双曲柄机构；④摆动导杆机构；⑤曲柄摇块机构中，当原动件均为曲柄时，上述________机构有急回运动特性．

A．2 个　　B．3 个　　C．4 个　　D．5 个

(6) 为使机构具有急回运动，要求行程速比系数 K ________．

A．$=1$　　B．>1　　C．<1

(7) 铰链四杆机构中存在曲柄时，曲柄________是最短构件．

A．一定　　B．不一定　　C．一定不

(8) 有一对心曲柄滑块机构，曲柄长为 100 mm，则滑块的行程是________．

A．50 mm　　B．100 mm　　C．200 mm　　D．400 mm

(9) 摆动导杆机构的行程速比系数 $K=2$，则该机构的摆角 φ 为________．

A．$90°$　　B．$45°$　　C．$60°$　　D．$30°$

2. 判断题

(1) 在铰链四杆机构中，凡是双曲柄机构，其杆长关系必须满足：最短杆与最长杆杆长之和大于其他两杆杆长之和．(　　)

(2) 任何平面四杆机构出现死点时，都是不利的，因此应设法避免．(　　)

(3) 在曲柄摇杆机构中，若以曲柄为原动件时，最小传动角可能出现在曲柄与机架两个共线位置之一处．(　　)

(4) 铰链四杆机构中存在曲柄时，曲柄一定是最短构件．(　　)

(5) 在如图 4-6 所示铰链四杆机构 $ABCD$ 中，适当选取杆长 BC，就能获得曲柄摇杆机构．(　　)

(6) 增大构件的惯性，是机构通过死点位置的唯一办法．(　　)

(7) 凡曲柄摇杆机构，极位夹角必不等于零，故它总具有急回特性．(　　)

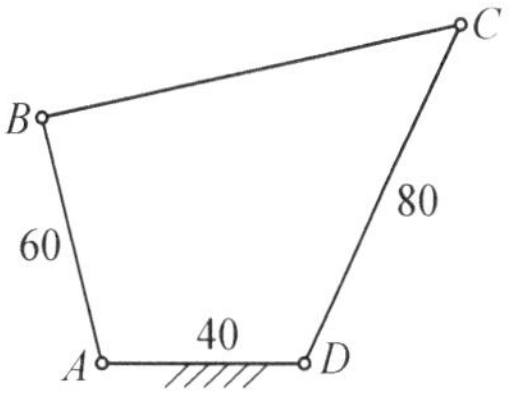

图 4-6　铰链四杆机构

3. 填空题

(1) 在常用的四杆机构中，能实现急回运动的机构有________、________、________．

(2) 机构中传动角和压力角之和等于________．

(3) 当四杆机构的压力角 $\alpha=90°$ 时，传动角等于______，该机构处于________位置．

(4) 铰链四杆机构的三种基本形式是________、________和________．

(5) 铰链四杆机构中，固定不动的杆称为________，不与机架直接连接的杆称为________，用转动副与机架连接的杆称为________.

(6) 曲柄为主动件的曲柄摇杆机构中，当从动摇杆处于两极限位置时，________在该位置所夹的锐角称为极位夹角.

(7) 铰链四杆机构中，________角越大，对机构的传动越有利.

(8) 死点是指不计摩擦时机构所处的特殊位置，可借助________或采用________的方法，使机构能顺利通过死点位置而正常运转.

4. 如图 4-7 所示铰链四杆机构中，已知各构件长度 $l_{AB}=55$ mm，$l_{BC}=40$ mm，$l_{CD}=50$ mm，$l_{AD}=25$ mm. 试求：

(1) 该运动链中是否具有双整转副构件？

(2) 如果具有双整转副构件，则固定哪个构件可获得曲柄摇杆机构？

(3) 固定哪个构件可获得双曲柄机构？

(4) 固定哪个构件可获得双摇杆机构？

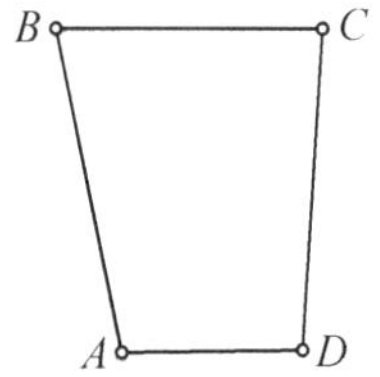

图 4-7　铰链四杆机构

5. 如图 4-8 所示设计一偏置曲柄滑块机构，已知滑块的行程 $H=50$ mm，行程速比系数 $K=1.4$，导路的偏距 $e=20$ mm. 试求曲柄的长度 l_{AB} 和连杆的长度 l_{BC}.

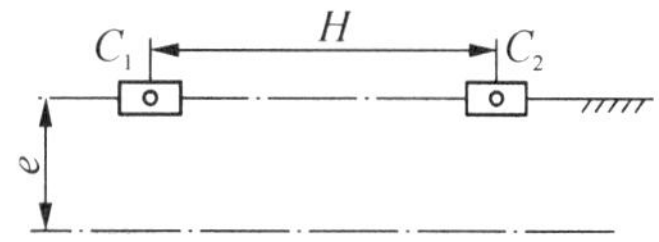

图 4-8　偏置曲柄滑块机构

6. 如图 4-9 所示铰链四杆机构作为加热炉炉门的启闭机构. 炉门上两铰链的中心距为 50 mm,炉门打开后成水平位置时,要求炉门的外边朝上,固定铰链装在 yy 轴线上,其相互位置尺寸如图 4-9 所示,试设计此机构.

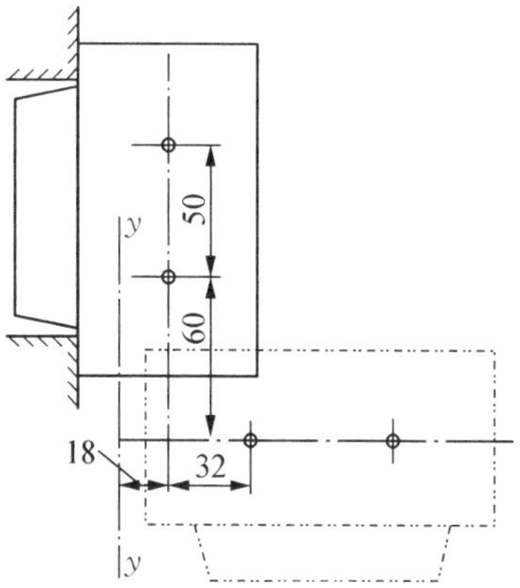

图 4-9　加热炉炉门的启闭机构

7. 如图 4－10 所示铰链四杆机构中，已知各构件长度 $l_{AB}=25$ mm，$l_{BC}=55$ mm，$l_{CD}=40$ mm，$l_{AD}=50$ mm. 试求：

（1）该机构是否有曲柄？如果有，指明哪个构件是曲柄.

（2）该机构是否有摇杆？如果有，用作图法求出摇杆的摆角范围.

（3）以 AB 杆为主动件时，该机构有无急回特性？如有，用作图法求出极位夹角 θ，并计算行程速度变化系数.

（4）以 AB 杆为主动件，确定机构的最大压力角、最小传动角位置.

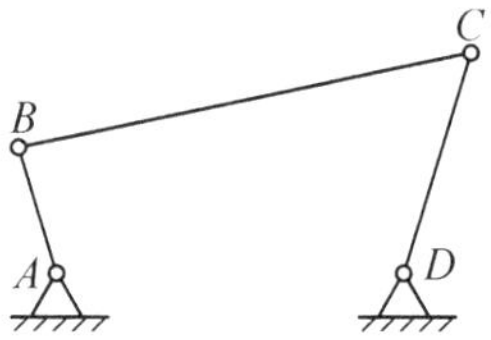

图 4－10　铰链四杆机构

第5章 凸轮机构及其他常用机构

5.1 学习要求

（1）掌握等速运动、等加速等减速运动、简谐运动规律的特点，能判断它们何时出现刚性或柔性冲击.

（2）熟练掌握按给定从动件运动规律绘制盘形凸轮轮廓的反转法.

（3）了解选择滚子半径的原则，掌握压力角与自锁的关系以及基圆半径对压力角和曲率半径的影响.

（4）了解棘轮机构的组成、工作原理、特点、类型和使用场合.

（5）了解槽轮机构的组成、工作原理、特点、类型和使用场合.

（6）了解不完全齿轮机构的工作原理、运动特点和使用场合.

5.2 重点和难点

本章学习的重点是利用反转法原理绘制盘形凸轮轮廓曲线；凸轮机构压力角与机构基本尺寸之间的关系.学习的难点是正确运用反转法原理绘制盘形凸轮轮廓曲线；确定凸轮廓线各点的压力角.

5.3 学习指导

1. 凸轮机构

凸轮机构主要用于对从动件的运动规律有特定要求的场合，其优点是只需要设计适当的凸轮轮廓，便可使从动件得到预期的运动规律，而且结构简单、紧凑，设计方便，因此，它广泛用于自动化机器中.凸轮机构属于高副机构，凸轮轮廓与从动件之间是点或线接触，易磨损，而且凸轮轮廓曲线的加工也较难.

2. 判断机构是否存在刚性冲击和柔性冲击

根据运动线图中速度线图和加速度线图的特征可判断机构是否存在刚性冲击和柔性冲

击，即凡是速度线图的尖点处，加速度线图阶跃变化（加速度值突然改变），必产生柔性冲击；凡是速度线图阶跃变化处，加速度值趋向无穷大，必产生刚性冲击. 这一判断原则对其他机构的运动规律也是适用的.

3. 设计凸轮机构

首先根据机器的工作要求确定从动件的运动规律. 例如，自动车床中控制刀架进刀的凸轮机构，为降低加工表面的表面粗糙度，要求等速进刀，因此应选择等速运动规律. 其次，便可绘制从动件位移 s 与凸轮转角 δ 之间的对应关系曲线，最后根据 $s-\delta$ 线图绘制凸轮轮廓.

4. 绘制从动件位移线图

横坐标代表凸轮转角或时间，比例可以任意选取而不影响凸轮轮廓设计. 对于直动从动件，位移线图的纵坐标代表位移 δ，它的比例尺最好与凸轮轮廓图的比例尺一致，以便在位移线图上直接截取线段绘制凸轮轮廓.

5. 反转法作图

反转法作图的关键是正确确定反转过程中从动件的位置及其与凸轮廓线的接触处. 在这个过程中，要注意凸轮的转向，直动从动件的偏距 e 及机架与凸轮轴心的相对位置，反转过程中，从动件的导路永远与偏距圆相切，并且永远保持与凸轮轴心的相对位置不变.

6. 滚子从动件凸轮机构

滚子从动件凸轮机构的理论廓线与实际廓线不重合，度量基圆半径等参数应在理论廓线上进行.

7. 设计滚子从动件凸轮轮廓

首先将滚子中心视为尖点，作出理论廓线，其次在理论廓线上画一系列滚子圆，最后作这些滚子圆的包络线得实际廓线. 可按如图 5-1 所示作图方法：从理论轮廓上点 A_0，A_1，A_2…沿相应反转导路截取线段等于滚于半径 r_r（即取 $A_0B_0=A_1B_1=A_2B_2=\cdots=r_T$）得点 B_0，B_1，B_2…，将这些点连接起来即可得到实际廓线.

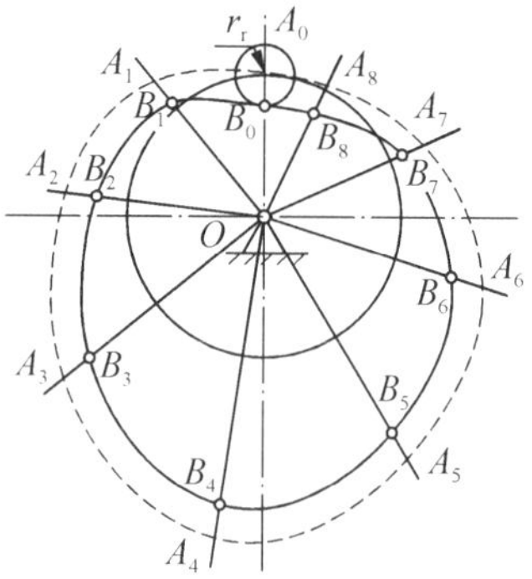

图 5-1　凸轮廓线

8. 凸轮机构基本尺寸的确定

（1）凸轮机构的压力角. 从动件与凸轮接触点处所受正压力的方向（即凸轮廓线在接触点的法线方向）与从动件上对应点速度方向之间所夹的锐角称为压力角，用 α 表示. 当驱动从动件运动的有效分力一定时，有害分力随着压力角 α 的增大而增大，导致机构机械效率降低，严重时发生自锁，所以，通常规定凸轮机构的最大压力角 $\alpha_{max}\leqslant[\alpha]$. 这里值得注意的是，凸轮机构在不同工作位置时压力角 α 是变化的，并且要掌握在反转作图法中正确绘制及测量压力角.

（2）基圆半径 r_0 的选择. 凸轮的基圆半径越小，凸轮的尺寸越小，会引起压力角的增大，使整个机构的受力性能变差，在实际工作中，基圆半径的确定必须从凸轮机构的尺寸、受力、安装、强度等方面综合考虑. 总的原则是：在保障 $\alpha_{max}\leqslant[\alpha]$ 的条件下，应使基圆半径尽可能减小.

（3）从动件滚子半径 r_r 的选择. 当凸轮理论廓线外凸时，滚子半径 r_r 与凸轮理论廓线曲率半径 ρ_0 及对应点实际廓线曲率半径 ρ 的关系为 $\rho=\rho_0-r_r$. 当 $r_r<\rho_0$ 时，实际廓线可作出；当 $r_r=\rho_0$ 时，实际廓线出现尖点；当 $r_r>\rho_0$ 时，实际廓线出现交叉廓线的一部分被切去导致运动失真. 也就是说，从避免变尖和失真现象的观点来看，滚子半径 r_r 应小于外凸理论廓

线的最小曲率半径 $\rho_{0\min}$，但滚子半径 r_r 过小将受接触强度和结构等限制，实际设计时应当综合考虑多种因素，采用经验公式确定.

9. 棘轮机构

(1) 齿式外啮合棘轮机构由摇杆、棘爪、棘轮、止动棘爪和机架组成，可将主动摇杆连续往复摆动变换为从动棘轮的单向间歇转动. 其棘轮轴的动程转角可以在较大范围内调节，具有结构简单、加工方便、运动可靠等特点，但冲击、噪声大，且运动精度低，多用于速度较低、载荷不大、需单向或双向间歇送进的场合. 此外，棘轮机构也常用作防止重物自行下坠的自锁机构.

(2) 常用棘轮转角的调节方法：改变摇杆摆角；利用棘轮罩遮盖部分棘齿.

(3) 为了使棘轮机构可靠地工作，棘爪能顺利进入棘轮齿底而不致滑脱，应使棘轮齿顶和棘爪的摆动中心的连线垂直于棘轮半径，棘轮齿的工作面相对于棘轮半径必须向齿体内偏斜一个工作面偏角 φ，且 $\varphi > \rho$，ρ 为棘轮齿与棘爪之间的摩擦角.

10. 槽轮机构

(1) 槽轮机构是由主动拨盘、从动槽轮及机架组成，可将主动拨盘的连续转动变换为槽轮的间歇转动，具有结构简单、尺寸小、机构效率高、能够较平稳地间歇转动等特点，但槽轮每次转角的大小一经设计制成就不能改变.

(2) 单销外槽轮机构的运动系数 τ 为主动拨盘回转一周时，从动槽轮运动时间 t_d 与主动拨盘转一周的总时间 t 之比，即 $\tau = \dfrac{t_d}{t} = \dfrac{1}{2} - \dfrac{1}{z}$，$z$ 为槽数，应注意 $0 < \tau < 0.5$，分析理解运动系数与槽数的关系.

如果拨盘上均匀分布有 n 个圆销，则该槽轮的运动系数 $\tau = n\left(\dfrac{1}{2} - \dfrac{1}{z}\right)$，应注意 $0 < \tau < 1$，分析理解圆销数与槽数的关系.

5.4 典型例题

【例 5-1】 用作图法绘制偏置直动滚子从动件盘形凸轮廓线. 已知凸轮以等角速度顺时针方向回转，凸轮轴心偏于从动件右侧，偏距 $e = 8$ mm. 从动件的行程 $h = 2$ mm，在推程作简谐运动，回程作等加速等减速运动，其中推程运动角 $\delta_0 = 150°$，远休止角 $\delta_{01} = 30°$，回程运动角 $\delta'_0 = 120°$，近休止角 $\delta_{02} = 60°$，凸轮基圆半径 $r_0 = 26$ mm，滚子半径 $r_r = 4.5$ mm.

解

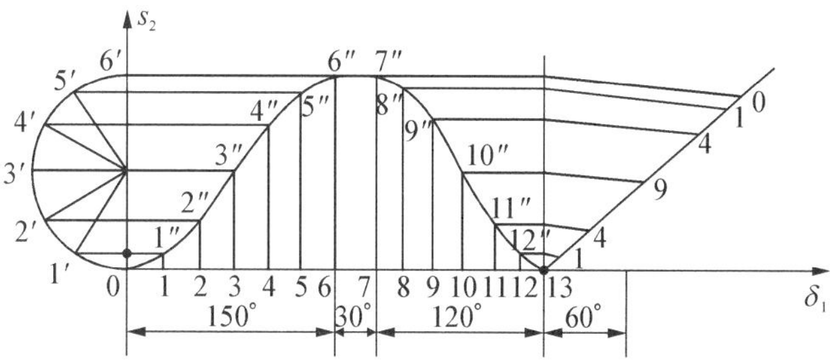

(a) 从动件位移线

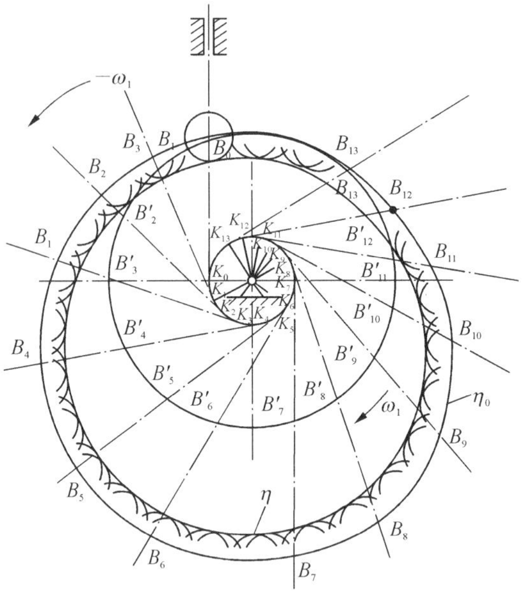

(b) 各圆的内包络线

图 5－2　偏置直动滚子从动件盘形凸轮廓线

本题为一用反转作图法绘制凸轮廓线的典型例题. 绘制廓线步骤如下：

(1) 取长度比例尺从 =1 mm/mm，绘制从动件位移线图，如图 5－2(a)所示.

(2) 按上述长度比例尺绘出基圆、偏距圆及从动件初始导路.

(3) 按题给运动角等分在偏距圆上得各分点(等分数应与运动线图上横坐标一致)K_1，K_2，K_3，….

(4) 过各分点作偏距圆切线 $K_1B'_1$，$K_2B'_2$，$K_3B'_3$，….

(5) 在 $K_1B'_1$，$K_2B'_2$，$K_3B'_3$，…上量取从 $B_1B'_1$，$B_2B'_2$，$B_3B'_3$，…,使分别等于运动线图上的 11″，22″，33″ …；连接 B_1，B_2，B_3，…各点成光滑曲线，得理论廓线 η_0.

(6) 以理论廓线 η_0 上的点为圆心，以 $r_r = 4.5$ mm 为半径作圆，再作各圆的内包络线即为所求凸轮廓线，如图 5－2(b) 所示.

【例 5－2】 试绘制如图 5－3 所示凸轮机构在 A，B，C 三点处的压力角.

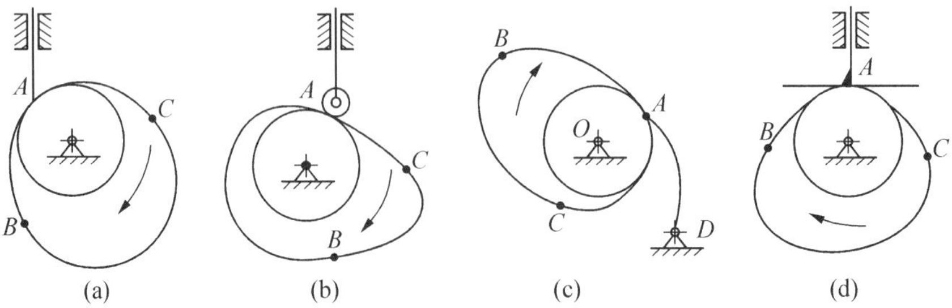

图 5－3　凸轮压力角例解

解　本题求解的关键思路是用反转作图法正确作出 A，B，C 三处从动件的位置，并按接触情况判定从动件在该处的速度方向及法向作用力的方向.

图(a):尖顶与廓线接触,导路过接触处与偏置圆相切,保持与轴心相对位置.

图(b):作理论廓线再以相应的滚子中心按尖顶从动件作图.

图(c):尖顶与廓线接触,以接触点为圆心,摆动从动件长 $\overline{AD}$ 为半径作弧与以 O 为圆心、$\overline{OD}$ 长为半径的圆弧相交,交点为反转作图求得的摆动中心.

图(d):过接触点作廓线切线得反转作图的从动件平底位置,速度方向与压力方向平行,压力角为零.

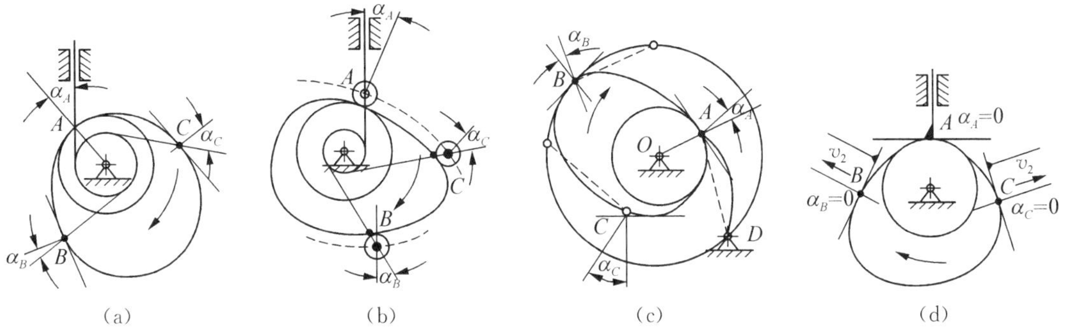

图 5-4 凸轮机构的压力角例解

【例 5-3】 在一单圆销外槽轮机构中,已知槽轮槽数 $z=4$,拨盘转速 $n=120$ r/min,求槽轮运动时间 t_m 和静止时间 t_s.

解 运动系数
$$\tau=\frac{t_m}{t}=\frac{1}{2}-\frac{1}{z}=\frac{1}{4}$$

因为
$$n=120\ \text{r/min}=2\ \text{r/s}$$

所以,拨盘每转需要
$$t=\frac{1}{2}\ \text{s}$$

$$t_m=\frac{1}{4}t=\frac{1}{4}\times\frac{1}{2}=\frac{1}{8}\ \text{s}$$

$$t_s=t-t_m=\frac{1}{2}-\frac{1}{8}=\frac{3}{8}\ \text{s}$$

【例 5-4】 在一外啮合槽轮机构中,已知槽轮槽数 $z=6$,运动时间 t_m 是静止时间 t_s 的 2 倍,求槽轮机构的运动系数及所需的圆销数.

解 依题意
$$\tau=\frac{t_m}{t_m+\frac{1}{2}t_m}=\frac{2}{3}$$

而
$$\tau=K\frac{z-2}{2z}$$

故所需的圆销数 $K=2$.

5.5 习　题

1. 思考题

(1) 凸轮与推杆保持接触的方式有哪几种?

(2) 什么是凸轮机构运动中的刚性冲击和柔性冲击? 它们分别出现在哪些运动规律中?

(3) 选择推杆运动规律时,应考虑哪些问题?

(4) 什么是凸轮机构压力角? 压力角大小对凸轮机构的运动有何影响? 影响直动推杆盘形凸轮机构的压力角的因素有哪些?

(5) 在什么情况下会出现推杆"运动失真"? 什么是推杆的"运动失真"?

(6) 棘轮机构有哪些用途? 试举例说明.

(7) 设计棘轮机构时,对棘爪有何要求?

(8) 棘轮机构与槽轮机构与凸轮机构相比,在运动上有何异同?

(9) 槽轮机构的运动系数 $\tau=0.4$ 表示什么意义?

(10) 槽轮机构的运动系数为什么必须大于 0 而小于 1?

2. 填空题

(1) 凸轮机构中凸轮轮廓的形状是由________来决定的.

(2) 凸轮机构常用的运动规律有________运动规律,________运动规律,________运动规律,其中________运动规律只宜用于低速,________和________运动规律不宜用于高速,而________运动规律可在高速下应用.

(3) 由速度有限值突变引起的冲击称为________冲击,由加速度有限值突变引起的冲击称为________冲击.

(4) 等速运动规律有________冲击,等加速运动规律有________冲击,简谐运动规律在从动件推程的________两处也有柔性冲击,________运动规律无冲击.

(5) 增大基圆半径,凸轮机构的压力角________,传力性能________.

(6) 凸轮机构的基圆半径是从________到________的最小距离.

3. 选择题

(1) 从动件运动规律不变的情况下,若增大凸轮的基圆半径,则压力角________.

A. 增大　　B. 保持不变　　C. 减小　　D. 不确定

(2) 在凸轮机构的各种常用从动件运动规律中,等加速等减速运动规律具有________冲击.

A. 刚性　　B. 柔性　　C. 既无刚性又无柔性

(3) 在凸轮机构的各种常用从动件运动规律中,简谐运动规律具有________冲击.

A. 刚性　　B. 柔性　　C. 既无刚性又无柔性

(4) 设计滚子从动件盘形凸轮机构时,滚子半径________.

A. 大于实际廓线的最小曲率半径　　B. 小于实际廓线的最小曲率半径

C. 大于理论廓线的最小曲率半径　　D. 小于理论廓线的最小曲率半径

(5) 减小基圆半径,直动从动件盘形凸轮机构的压力角________.

A. 增大　　B. 保持不变　　C. 减小

(6) ________机构将往复摆动变为单向间歇运动.

A. 棘轮　　B. 槽轮　　C. 凸轮

(7) 设计棘轮机构时,齿与爪间的摩擦角 ρ 与齿面的偏斜角 φ 之间的关系为________.

A. $\rho<\varphi$　　B. $\rho=\varphi$　　C. $\rho>\varphi$

(8) 单销槽轮机构的运动系数________.

A. >0.5　　B. <0.5　　C. =0.5

4. 分别绘制如图 5-5 所示凸轮机构在主、从动件相交位置时的压力角.

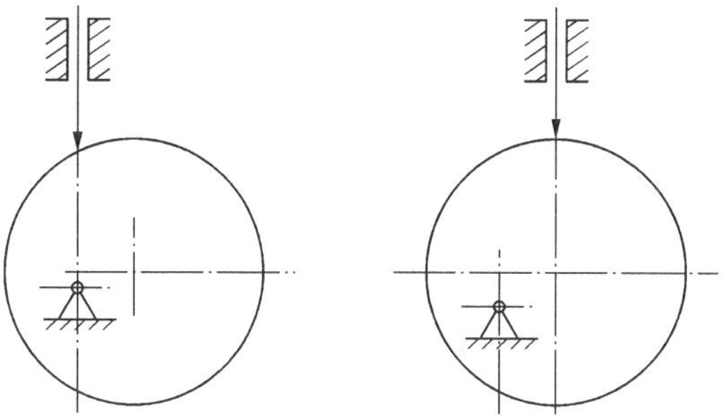

图 5-5　凸轮机构的压力角

5. 如图 5-6 所示为一偏置自动滚子从动件盘形凸轮机构,凸轮的实际轮廓曲线为一个圆,圆心为 O_1,凸轮的转动中心为 O. 要求:

(1) 绘制基圆 r_0,偏距圆 e,理论轮廓线;

(2) 绘制从动件在图示位置时的压力角 α 和位移 s.

注意:保留作图线.

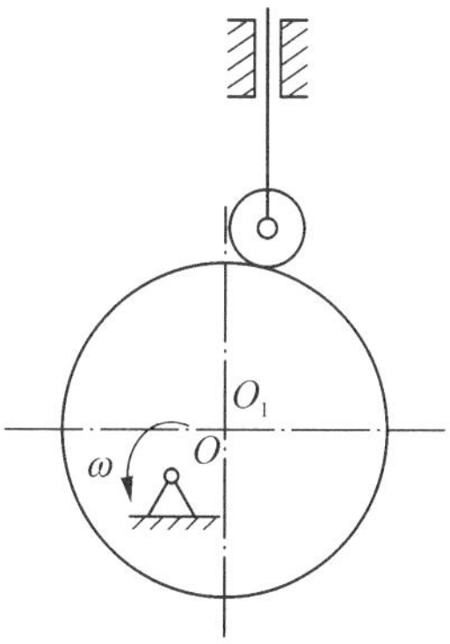

图 5-6　偏置自动滚子从动件盘形凸轮机构

6. 试设计偏置滚子直动推杆盘形凸轮机构凸轮的理论廓线和工作廓线. 已知凸轮轴置于推杆轴线右侧,偏距 $e=20$ mm,基圆半径 $r_0=50$ mm,滚子半径 $r_r=10$ mm. 凸轮以等角速度沿顺时针方向回转,在凸轮转过角 $\delta_1=120^\circ$ 的过程中,推杆按正弦加速度运动规律上升 $h=50$ mm;在凸轮继续转过 $\delta_2=30^\circ$ 时,推杆保持不动;其后,凸轮再回转角度 $\delta_2=60^\circ$ 时,推杆又按余弦加速度运动规律下降至起始位置;凸轮转过一周的其余角度时,推杆又静止不动.

7. 试用作图法设计一滚子摆动推杆盘形凸轮机构的凸轮廓线. 已知摆动推杆 AB 在初始位置时垂直于 OB，$l_{AB}=80$ mm，$r_0=l_{OB}=40$ mm，$r_r=10$ mm，凸轮以等角速度 ω 沿顺时针方向转动. 当其转过 180° 时，推杆以正弦加速度规律上摆 $\phi=30^\circ$，当凸轮又转过 180° 时，推杆以余弦加速度规律下摆 $\phi=30^\circ$，回到初始位置.

8. 某自动机床工作台要求有 6 个工位，转台停歇时进行工艺动作，其中最长的工作时间为 30 s，拟采用槽轮机构实现转位工作，试设计该槽轮机构.

第6章 螺纹连接

6.1 学习要求

(1) 掌握螺纹的一般知识,如螺纹是如何形成的,圆柱螺纹的基本参数,螺纹连接的基本类型(螺栓连接、螺钉连接、双头螺柱连接和紧定螺钉连接等)、结构特点及应用场合,熟悉螺纹连接件的国家标准,能根据连接类型正确选用连接件.

(2) 了解螺纹连接预紧与防松的目的、方法,预紧力的大小及其控制.掌握各种螺纹连接防松方法的工作原理、特点和应用场合,能根据具体情况选用合适的防松措施.

(3) 了解松螺栓连接和紧螺栓连接的概念,能够根据螺栓的受力情况,针对其主要失效形式,确定螺栓连接的设计准则和强度计算条件,确定螺栓的直径.了解螺栓常用材料、性能等级及许用应力.

(4) 掌握螺栓组结构设计的原则,从而能较为合理地设计出工作可靠的螺栓组连接.

(5) 掌握提高螺栓连接强度的各种措施.

6.2 重点和难点

本章学习的重点是螺栓连接的预紧与防松,螺纹连接的强度计算.学习的难点是受预紧力和轴向工作载荷的螺栓连接的强度计算.

6.3 学习指导

1. 螺纹和螺纹连接件

螺纹的形成、主要参数、常用类型以及螺纹连接的类型,标准连接件等内容都是叙述性的内容,对做好螺栓连接的设计是必不可少的基本知识,应当结合教材内容进行学习.

螺纹及螺纹连接件大都已经标准化,学习时要从工艺性、工作时的自锁、强度、适宜于承受载荷的类型、密封性、传动效率等方面进行相互比较,以掌握它们的特点及应用范围.设计时，对不太重要的螺纹连接一般只需要根据不同情况进行选用，不需要自行设计. 对于重要的螺纹连接，设计计算也只是确定螺栓危险截面的直径，螺纹连接的其他部分尺寸由标准选定.

2. 螺纹连接的预紧与防松

螺纹连接预紧的目的是为了保证连接的刚性、紧密性和可靠性. 重要的螺栓连接要采用适当的方法和工具来控制拧紧力矩，使之既能达到预紧的目的，又不致拧断螺栓. 应当注意的是，由于螺纹连接中实际产生的预紧力比扳手一端所施加的拧紧力要大许多倍.

螺纹连接防松的根本问题在于防止螺旋副的相对转动. 防松方法分为摩擦防松、机械防松和永久防松三类. 摩擦防松的原理是使螺纹副中产生附加摩擦力，如使用弹簧垫圈、对顶双螺母、自锁紧螺母等. 摩擦防松不是很可靠，只能用于一般的场合. 机械防松的原理是应用专门元件限制螺纹副的转动，如使用开口销和开槽螺母、止动垫片、串联钢丝等，比较可靠，但成本较高，适用于比较重要的或机器内部不容易检查到的地方. 永久防松用于很少拆卸的场合. 学习时应当注意，凡是能达到防止螺旋副的相对转动目的的措施，都可以列为防松方法，只要有可靠的优点，完全可以自行创新设计，而不限于上述几种常用的防松方法.

3. 螺纹连接的强度计算

在得到单个螺栓连接所承受的工作载荷以后，需要根据螺栓类型和工作载荷方向确定螺栓的受力大小，工作载荷方向无非是横向载荷或轴向载荷. 铰制孔用螺栓连接只能承受横向工作载荷，螺栓所受剪力就是工作载荷，其失效形式为压溃和剪断；普通螺栓连接既能承受横向载荷又能承受轴向载荷，但螺栓所受拉力与工作载荷都不相等，螺栓的失效形式为拉断或扭断.

螺栓的失效形式不同，强度条件就不相同，采用的强度计算公式也不相同.

承受横向工作载荷的普通紧螺栓连接，在进行强度计算时，可以将总拉力增大 30%以考虑拧紧时的扭转切应力的影响. 由于螺栓的相对刚度不易计算准确，总拉力也不易计算准确，因此，这一计算是近似的，但可以认为是偏于安全的，另外，在计算时假定应力在危险截面上均匀分布，实际上，在螺纹根部有严重的应力集中.

在强度计算公式中，许用应力$[\sigma]$由屈服极限 σ_s 除以安全系数 S 得出，而安全系数由表可以查出，它考虑了计算中各种不确定性的因素. 在强度计算公式中所使用的载荷应当是计入各种影响后螺栓承受的总的载荷.

承受轴向工作载荷的紧螺栓连接中螺栓总拉力 F_0 的确定. 这种连接螺栓既受预紧力，又受轴向工作载荷，故对这类连接的要求是：①螺栓应具有足够的强度；②螺栓连接一定要预紧，且在工作载荷作用下，被连接接合面不应出现间隙，保证连接的紧密性. 在进行分析时，由于螺栓与被连接件均有弹性，故属弹性体组合受力分析问题，必然涉及零件的刚度和变形. 连接所受外载荷将按螺栓和被连接件的刚度在二者之间进行分配. 故学习时应从分析螺栓及被连接件的受力和变形关系入手，深入了解并熟练绘制螺栓与被连接件的受力与变形关系图，从而建立"螺栓总拉力＝螺栓所受工作载荷＋被连接件给螺栓的残余预紧力"这一概念，并从力—变形图中直观地得出 F_0，F_1 和 F_2，F 的关系式.

4. 螺纹连接件的材料和许用应力

国家标准规定，螺纹连接件按材料的力学性能分级，螺栓材料力学性能等级的标记代号由"·"隔开的两部分数字组成，点前的数字表示抗拉强度的 σ_b 的 1/100；点后的数字表示公

称屈服强度 σ_s 与抗拉强度 σ_b 比值的10倍. 例如,力学性能级别标记为4.6,表示材料的抗拉强度极限为400 MPa,屈服极限为240 MPa.

标准又规定螺母材料的强度不低于与之相配的螺栓材料的强度. 螺母材料性能等级的标记由可与之相配的螺栓的最高性能等级标记的第一部分数字标记. 这样规定保证了连接的承载能力可以达到螺栓或螺钉的最低屈服极限,在这之前不致发生螺母脱扣.

5. 螺栓组连接的结构设计

螺栓连接的设计主要是螺栓组连接的设计,其设计工作包括两部分内容:第一部分内容是正确进行螺栓组的结构设计,通过受力分析找出受力最大的螺栓;第二部分内容是按照单个螺栓连接的强度计算公式来设计这个受力最大的螺栓的尺寸,其余的螺栓则按同样尺寸选用.

在进行螺栓组连接的结构设计时,螺栓组中螺栓的个数及其在接合面上的布置方案一定要按照连接可靠、受力均匀、装拆方便及对称布置等原则并参考现有设备按经验确定,不同的布置方案将影响总的载荷在各个螺栓中的分配.

6.4 典型例题

【例6-1】 如图6-1所示用8个M24($d_1=20.752$ mm)普通螺栓连接的钢制液压油缸,螺栓材料的许用应力$[\sigma]=80$ MPa,液压油缸的直径$D=200$ mm,为保证紧密型要求,残余预紧力$F_1=1.6F$,试求油缸内许用的最大压强P_{max}.

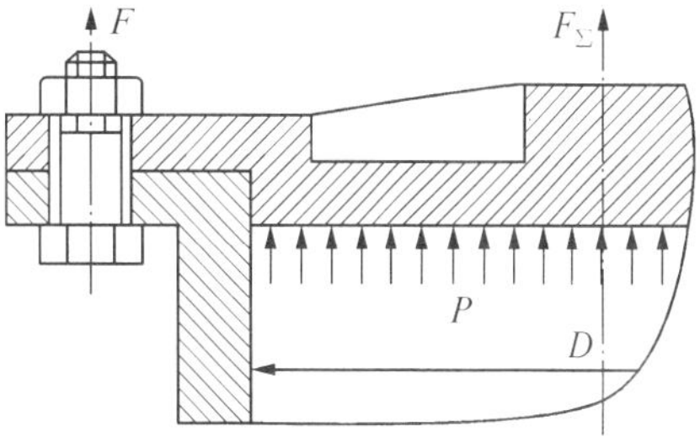

图6-1 钢制液压油缸

解 根据

$$\sigma_{ca}=\frac{1.3F_0}{\frac{\pi}{4}d_1^2}\leqslant[\sigma]$$

解得

$$F_0\leqslant\frac{\pi d_1^2}{4\times1.3}[\sigma]=\frac{20.752^2\pi}{4\times1.3}\times80=20\,814\text{ N}$$

依题意得 $$F_2=F_1+F=1.6F+F=2.6F=20\,814$$

解得 $$F=8\,005\text{ N}$$

气缸许用载荷 $$F_\Sigma=zF=8F=64\,043\text{ N}$$

根据 $$F_\Sigma=P_{max}\frac{\pi D^2}{4}=64\,043\text{ N}$$

解得

$$P_{max}=\frac{4F_\Sigma}{\pi D^2}=\frac{4\times64\,043}{200^2\pi}=2.04\text{ MPa}$$

【例6-2】 如图6-2所示,钢板用8个8.8级普通螺栓连接,已知$F_\Sigma=40\,000$ N,接合

面间的摩擦系数 $f=0.15$，防滑系数 $K_S=1.2$，螺栓的安全系数 $S=2$，试确定螺栓的小径 d_1.

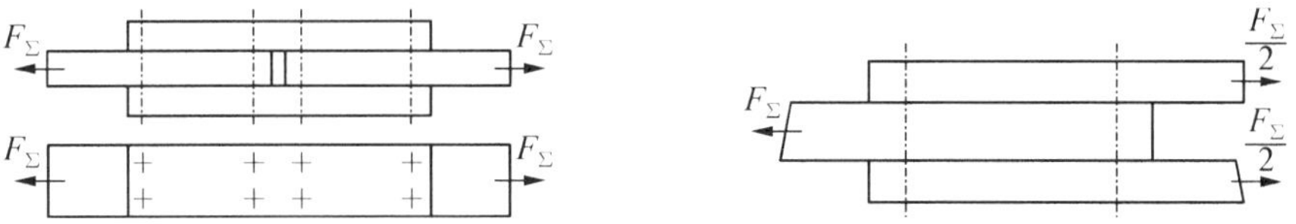

(a)　　(b)

图 6-2　钢板

解　单个螺栓连接所承受的载荷

$$F=\frac{F_\Sigma}{z}=\frac{40\,000}{4}=10\,000\ \text{N}$$

根据

$$fF_0 i \geqslant K_S F$$

得预紧力

$$F_0 \geqslant \frac{K_s F}{if}=\frac{1.2\times 10\,000}{2\times 0.15}=40\,000\ \text{N}$$

许用应力

$$[\sigma]=\frac{\sigma_s}{S}=\frac{640}{2}=320\ \text{MPa}$$

根据强度条件

$$\sigma_{ca}=\frac{1.3F_0}{\frac{\pi}{4}d_1^2}\leqslant[\sigma]$$

解得

$$d_1=\sqrt{\frac{1.3\times 4\times F_0}{\pi[\sigma]}}=\sqrt{\frac{1.3\times 4\times 40\,000}{\pi\times 320}}=14.384\ \text{mm}$$

【例 6-3】　如图 6-3 所示用凸缘联轴器连接的两轴，轴的直径 $d=60$ mm，传递功率 $P=2.8$ kW，轴转速 $n=70$ r/min，螺栓中心所在圆直径 $D_0=155$ mm，联轴器分别采用普通螺栓连接和铰制孔用螺栓连接，试确定两种连接螺栓的直径.

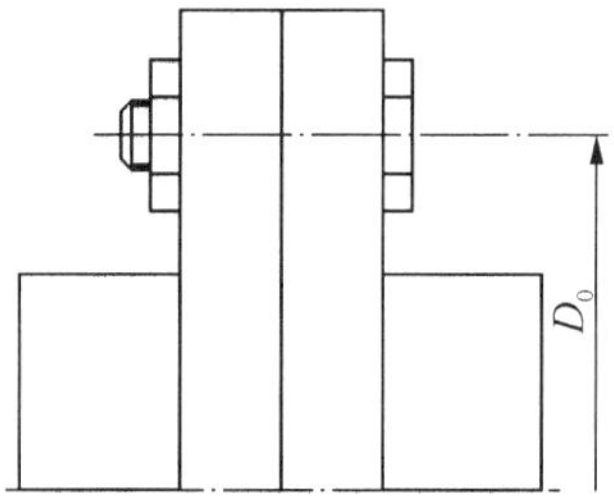

图 6-3　用凸缘联轴器连接的两轴

解　采用普通螺栓连接时，其传递的功率是通过普通螺栓的预紧力在凸缘联轴器接合面上产生的摩擦力来传递的. 解题时要求出螺栓传递所要的功率需要多大的预紧力，然后根据设计准则计算螺栓的危险截面直径，最后选择螺栓的规格.

采用铰制孔用螺栓连接时，其传递的功率是通过铰制孔用螺栓的挤压面或剪切面来传递的. 解题时要求出螺栓传递所要的功率需要多大的挤压力或剪切力，然后根据挤压强度和剪切强度计算铰制孔用螺栓的直径. 最后选择铰制孔用螺栓的规格.

传递的扭矩 T 为

$$T=9.55\times10^{6}\frac{P}{n}=9.55\times10^{6}\times\frac{2.8}{70}=3.82\times10^{5}\ \mathrm{N\cdot mm}$$

(1) 采用普通螺栓连接

每个螺栓所受的预紧力为 F_0，接合面间的摩擦系数 $f=0.2$，防滑系数 $K_S=1.2$，则

$$F_0 fz\frac{D_0}{2}=K_S T$$

$$F_0=\frac{2K_S T}{zD_0 f}=\frac{2\times1.2\times3.82\times10^{5}}{155\times4\times0.2}=7\ 393.5\ \mathrm{N}$$

螺栓性能等级选用 4.6 级，材料为低碳钢，预紧力不控制，取安全系数 $S=3$，则许用应力为

$$[\sigma]=\frac{\sigma_s}{S}=\frac{240}{3}=80\ \mathrm{MPa}$$

由强度条件得

$$d_1=\sqrt{\frac{1.3\times4\times F_0}{\pi[\sigma]}}=\sqrt{\frac{1.3\times4\times7\ 393.5}{\pi\times80}}=12.37\ \mathrm{mm}$$

查标准，取 M16 的普通螺栓即可.

(2) 采用铰制孔用螺栓连接

螺栓性能等级选用 4.6，材料为低碳钢，联轴器材料取 HT250，则有

$$[\tau]=\frac{\sigma_s}{S}=\frac{240}{2.5}=96\ \mathrm{MPa}$$

$$[\sigma_p]=\frac{\sigma_b}{S}=\frac{400}{2.5}=160\ \mathrm{MPa}$$

每个螺栓所承受的横向载荷 F 为

$$F=\frac{2T}{zD_0}=\frac{2\times3.82\times10^{5}}{155\times4}=1\ 232.3\ \mathrm{N}$$

由剪切强度条件确定螺栓直径 d_0 为

$$d_0\geqslant\sqrt{\frac{4\times F}{\pi m[\tau]}}=\sqrt{\frac{4\times1\ 232.3}{1\times3.14\times96}}=4.04\ \mathrm{mm}$$

查标准，取 M6 的螺栓，$d_0=7$ mm.

校核挤压强度

$$\sigma_P=\frac{F}{d_0 L_{\min}}=\frac{1\ 232.3}{7\times20}=8.8\ \mathrm{MPa}\leqslant[\sigma_p]=160\ \mathrm{MPa}$$

所以挤压强度足够.

6.5 习　题

1. 选择题

(1) 对于连接用螺纹，主要要求连接可靠，自锁性能好，故常选用________.

A. 升角小，单线普通(三角形)螺纹　　B. 升角大，双线普通(三角形)螺纹

C. 升角小，单线梯形螺纹　　D. 升角大，双线矩形螺纹

(2) 在螺栓连接中，往往在一个螺栓上采用双螺母，其目的是________.

A. 提高强度　　B. 提高刚度

C. 防松　　D. 减小每圈螺纹牙上的受力

(3) 在同一螺栓组中，螺栓的材料、直径和长度均应相同，这是为了________.

A. 受力均匀　　B. 便于装配　　C. 外形美观　　D. 降低成本

(4) 螺纹公称直径、牙型角、线数相同时，细牙螺纹的效率________粗牙螺纹的效率.

A. 大于　　B. 等于　　C. 小于　　D. 大于或等于

(5) 当两被连接件之一太厚，不宜制成通孔，且需要经常拆卸时，往往采用________.

A. 螺栓连接　　B. 螺钉连接　　C. 双头螺柱连接　　D. 紧定螺钉连接

(6) 一精制普通螺栓的螺栓头上标记着 6.8(性能级别)，则该螺栓材料的屈服极限近似为________MPa.

A. 600　　B. 800　　C. 680　　D. 480

(7) 螺纹连接防松的根本问题是________.

A. 增加螺纹连接的刚度　　B. 增加螺纹连接的轴向力

C. 增加螺纹连接的横向力　　D. 防止螺纹副的相对转动

(8) 预紧力为 F_0 的单个紧螺栓连接，受到轴向工作载荷 F 作用后，螺栓受到的总拉力 F_2________F_0+F.

A. $>$　　B. $=$　　C. $<$　　D. 无法确定

(9) 在螺栓连接设计中，若被连接件为铸件，则往往在螺栓孔处做沉头座孔，其目的是________.

A. 避免螺纹受附加弯曲应力作用　　B. 便于安装

C. 为安置防松装置　　D. 使外形美观

(10) 仅受预紧力作用的紧螺栓连接，螺栓的计算应力 $\sigma_{ca}=\dfrac{1.3F_0}{\dfrac{\pi}{4}d_1^2}\leqslant[\sigma]$，其中 1.3 是考虑________.

A. 安装时可能产生的偏心载荷　　B. 载荷可能有波动

C. 拉伸和扭转的复合作用　　D. 螺栓材料的机械性能不稳定

2. 填空题

(1) 三角形螺纹的牙型角为________，适用于________，而梯形螺纹的牙型角为________，适用于________.

(2) 螺纹连接的防松，按其防松原理分为________防松、________防松和________防松.

(3) 普通螺纹的公称直径指的是螺纹的________，计算螺纹的摩擦力矩时使用的是螺纹的________，计算螺纹的危险截面时使用的是螺纹的________.

(4) 螺纹连接的拧紧力矩等于________和________之和.

(5) ________螺纹、________螺纹主要用于连接，而________螺纹主要用于传动.

(6) 承受横向工作载荷的普通螺栓连接，螺栓受________应力和________应力作用，可能发生的失效形式是________.

(7) 承受横向工作载荷的铰制孔用螺栓连接，靠螺栓受________和________来传递载荷，可能发生的失效形式是________和________.

3. 简答题

(1) 连接螺纹都具有良好的自锁性，那为什么有时还需要防松装置？

(2) 螺栓的性能等级为6.8级，与它相配的螺母的性能等级应为多少？性能等级数字代号的含义是什么？

(3) 螺纹连接有哪些基本类型？各有何特点？各适用于什么场合？

4. 如图 6－4 所示为某一减速装置的组装齿轮，齿圈为 45 钢，$\sigma_s=355$ MPa，齿芯为铸铁 HT250，用 6 个 8.8 级 M6 的铰制孔用螺栓均布在 $D_0=110$ mm 的圆周上进行连接，有关尺寸如图 6－4 所示，试确定该连接传递的最大转矩 T_{max}.

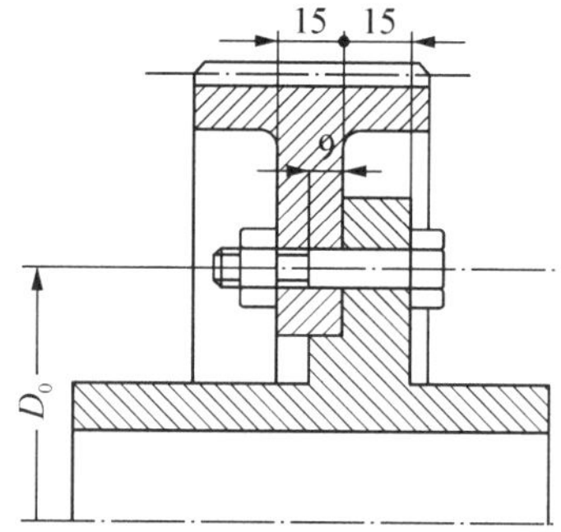

图 6－4　某一减速装置的组装齿轮

5. 如图 6－5 所示提升装置. 卷筒用 6 个 M8($d_1=6.647$ mm) 的普通螺栓固连在蜗轮上，已知卷筒直径 $D=160$ mm，螺栓均布于直径 $D_0=190$ mm 的圆周上，接合面间摩擦系数 $f=0.15$，防滑系数 $K_S=1.2$，螺栓材料的许用拉应力 $[\sigma]=120$ MPa.

(1) 试求该螺栓组连接允许的最大提升载荷 F_{Wmax}.

(2) 若已知 $F_{Wmax}=6\,000$ N，其他条件同上，但 d_1 未知，试确定螺栓的直径.

(由标准查得 M8：$d_1=6.647$ mm；M12：$d_1=8.376$ mm；M16：$d_1=10.106$ mm；M20：$d_1=13.835$ mm.)

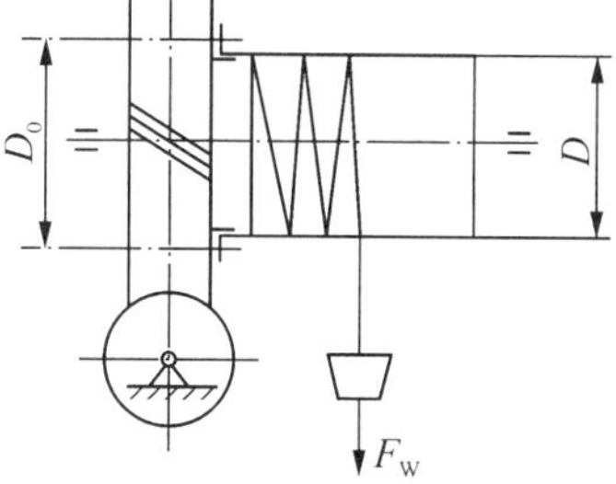

图 6－5　提升装置

6. 如图 6-6 所示为一气缸盖螺栓组连接,已知气缸内的工作压力 p 在 0～1.5 MPa 间变化,缸盖与缸体均为钢制,为保证气密性要求,试选择螺栓材料并确定螺栓数目和尺寸.

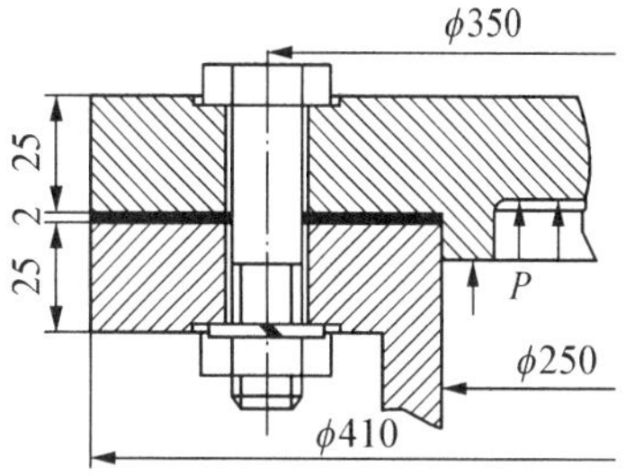

图 6-6 气缸盖

7. 如图 6－7 所示螺栓连接，其采用 2 个 M20 的螺栓，其许用拉应力为 $[\sigma]=160$ MPa，被连接件结合面的摩擦系数 $f=0.2$，若考虑摩擦传力的防滑系数 $K_S=1.2$，试计算该连接允许传递的静载荷 F.

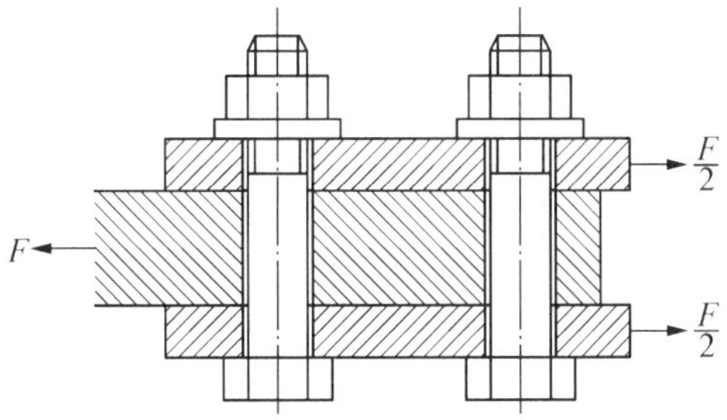

图 6－7　螺栓连接

第7章 带传动和链传动

7.1 学习要求

(1) 了解带传动的类型、结构特点和应用场合.

(2) 熟悉V带的结构及其标准、V带传动的张紧方法和张紧装置.

(3) 掌握V带传动的工作原理、受力情况、弹性滑动及打滑等基本理论、V带传动的失效形式及设计准则.

(4) 了解柔韧体欧拉公式,带的应力分析及其变化规律.

(5) 学会V带传动的设计方法和步骤.

(6) 了解链传动的工作原理、特点和应用.

(7) 了解滚子链的标准、规格及链轮结构特点.

(8) 掌握滚子链传动的设计计算方法.

(9) 对齿形链的结构特点、链传动的布置、张紧和润滑等方面有一定的了解.

7.2 重点和难点

本章学习的重点是带传动的力和应力分析;带传动的弹性滑动和打滑;V带传动的设计计算;链传动的运动特性;滚子链传动的设计计算.学习的难点是带传动的应力分析;带传动的弹性滑动和打滑;链传动的运动分析——多边形效应.

7.3 学习指导

1. 带的受力分析

带传动安装过程中,必须保证带具有一定的初拉力 F_0(张紧力)以使带与带轮相互压紧,此时带两边的拉力 F_0 相等,带与带轮之间产生正压力.当带传动工作时,主动轮转动,并通过接触面间的摩擦力(使主动轮)带动带运动,此时,作用在带上的摩擦力方向与主动轮转向相同;在从动轮一边,带通过与从动轮间的摩擦力带动从动轮转动.这样主动轮一边的拉力增至 F_1,另一边拉力减为 F_2,两边的拉力差 F_1-F_2 即为带的有效拉力 F_e.该有效拉力在数值上等于沿带轮的接触弧上摩擦力的总和.带的材料、张紧程度和包角等因素决定了该摩擦力总和有一极限值,该极限值决定了带的传动能力.如果带传动的工作阻力超过了该极限值,则带将在带轮上发生打滑,使带传动不能正常工作.

带的紧边拉力 F_1,松边拉力 F_2,传动功率的有效拉力 F_e,张紧力 F_0 之间有如下关系.

$$F_1+F_2=2F_0$$
$$F_e=F_1-F_2$$

在打滑临界状态下松、紧边拉力之比符合欧拉公式,即

$$\frac{F_1}{F_2}=e^{f\alpha}$$

由以上公式可以求出带传动的最大有效拉力为

$$F_{ec}=2F_0\left(\frac{e^{f\alpha}-1}{e^{f\alpha}+1}\right)$$

(1) 预紧力 F_0

最大有效拉力 F_{ec} 与 F_0 成正比,F_0 越大,带与带轮间的正压力越大,则传动时的摩擦力就越大,F_{ec} 也就越大.但当 F_0 过大时,带因张紧过度而很快松弛,缩短带的工作寿命;F_0 过小,则带传动的工作能力得不到充分发挥,运转时容易发生跳动和打滑现象.

(2) 包角 α

最大有效拉力 F_{ec} 与 α 成正比,α 越大,带和带轮的接触面上能产生的总摩擦力就越大,传动能力也就越高.

(3) 摩擦因数 f

最大有效拉力 F_{ec} 与摩擦因数 f 成正比,f 越大,则能产生的摩擦就越大,传动能力也就越高.f 与带及带轮的材料和表面状况、工作环境条件等有关.

2. 带的应力分析

带传动工作时,带的截面上所受的应力有以下三种.

(1) 拉应力.紧边拉应力 $\sigma=\dfrac{F_1}{A}$,松边拉应力 $\sigma=\dfrac{F_2}{A}$.

(2) 离心应力.$\sigma_c=\dfrac{qv^2}{A}$(其值在带的全长上相等).

(3) 弯曲应力.$\sigma_b=E\dfrac{h}{d_d}$$\left(小带轮上:\sigma_{b1}=E\dfrac{h}{d_{d1}};大带轮上:\sigma_{b2}=E\dfrac{h}{d_{d2}}\right)$.

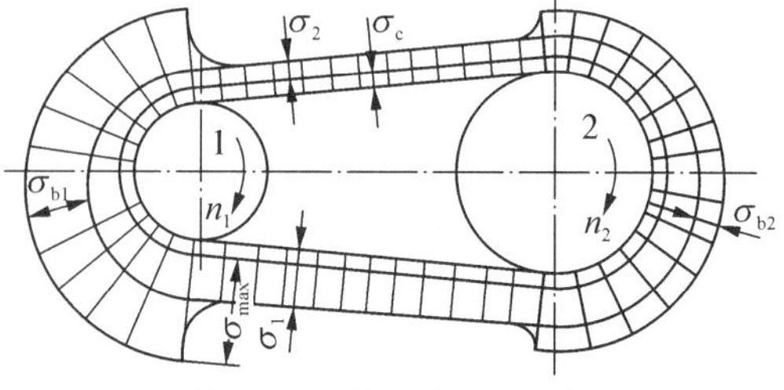

图 7-1 带传动应力分析

由应力分析图 7-1 可知,最大应力发生

在紧边带开始绕上小带轮处，此处应力为

$$\sigma_{max}=\sigma_1+\sigma_{b1}+\sigma_c$$

3. 带的弹性滑动和打滑

带的弹性滑动和打滑是带传动的两种工作状态. 弹性滑动是在正常工作状态下发生的一种带和带轮之间的局部滑动，是由带的弹性和拉力差造成的，只要利用带传递运动和动力，弹性滑动就不可避免地产生，但弹性滑动不影响带传动正常工作. 而打滑首先产生在小带轮与带之间，是带传动因过载导致带不能带动从动轮的现象，属于带传动失效形式之一，此种情况可以避免，且必须避免.

弹性滑动会使从动轮的圆周速度 v_2 低于主动轮的圆周速度 v_1，从动轮圆周速度降低的程度可用带传动的滑动率 ε 表示，即

$$\varepsilon=\frac{v_1-v_2}{v_1}\times 100\%$$

传动比

$$i=\frac{n_1}{n_2}=\frac{d_{d2}}{d_{d1}(1-\varepsilon)}$$

4. 普通 V 带传动的设计计算

带传动的主要失效形式是打滑、疲劳破坏和磨损，所以带传动的设计准则是：保证带传动不打滑的前提下，使带具有足够的疲劳强度和寿命.

单根 V 带所能传递的功率为

$$P_0=([\sigma]-\sigma_{b1}-\sigma_c)\left(1-\frac{1}{e^{f\alpha}}\right)\frac{Av}{1\,000}$$

(1) 带传动参数的选择

① 带轮基准直径的选择

a. 要求 $d_{d1}\geqslant d_{dmin}$，并取标准值. 为了提高 V 带的寿命，宜选取较大的直径.

b. 满足带速要求：$v_{min}\leqslant v\leqslant v_{max}$($v_{min}$ 一般为 5 m/s；普通 V 带 $v_{max}=25$ m/s，而窄 V 带 $v_{max}=35\sim 40$ m/s). 因为 $v\geqslant v_{max}$，则离心力过大，所以应减小 d_{d1}；若 v 过小，则表示所选 d_{d1} 过小，这将使所需的有效拉力 F_e 过大，即所需带的根数过多，从而使带轮的宽度、轴径及轴承尺寸都将随之增大.

c. 计算从动轮的基准直径 $d_{d2}=id_{d1}$，并圆整为较接近的标准值.

② 中心距 a 和带长 L_d 的确定

a. 如中心距未给出，可由 $0.7(d_{d1}+d_{d2})<a_0<2(d_{d1}+d_{d2})$ 初定中心距 a_0. 中心距过大，则传动的外廓尺寸大，且带易颤动，影响正常工作；中心距过小，包角 α_1 减小，导致传动能力下降，且带长减小，使带的绕转次数增多，寿命降低.

b. 由带传动的几何关系计算带长 L'_d，选取与 L'_d 相近的标准 V 带基准长度 L_d.

c. 计算实际中心距 a，验算包角 α_1，使 $\alpha_1\geqslant 120°$(至少 $\geqslant 90°$).

③ 带的根数 z 的确定

为使各根带受力均匀，带的根数不宜过多，一般 $z=2\sim 5$ 为宜，最多不能超过 8 根，否则应改选型号重新设计. 另外，增大中心距和带轮直径，也可以减少带的根数.

(2) 带传动的设计计算

在带传动设计中所需的已知条件主要包括:带传动的用途、工作条件、功率、传动参数要求(传动比、转速等).

设计的主要内容:确定带的型号、长度及根数,带轮的直径、结构,中心距等.

设计带传动的具体步骤:

① 确定计算功率 P_{ca};

② 选择 V 带型号;

③ 确定带轮的基准直径 d_{d1} 和 d_{d2};

④ 验算带速 v;

⑤ 确定中心距 a 和 V 带的基准长度 L_d;

⑥ 验算小带轮上的包角 α_1;

⑦ 确定带的根数 z;

⑧ 确定带的预紧力 F_0 及压轴力 F_Q;

⑨ 带轮结构设计,绘制带轮工作图.

带传动设计计算的具体过程和方法详见教材例题.

5. 链传动的运动特性

(1) 链传动的平均传动比

当链条套在链轮上后,实际上就形成了以相邻两销轴中心为边长的正多边形,如图 7-2 所示.

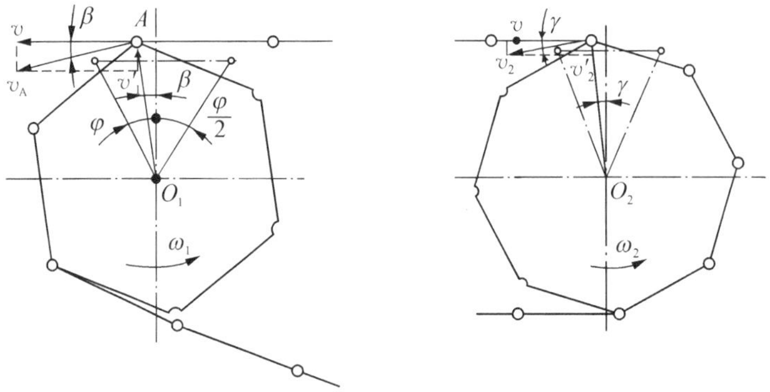

图 7-2　链传动的运动分析

正多边形边长相当于链节距 p,边数相当于链轮齿数 z. 链轮每转一周,链移动的距离为平均长度 zp,对应链轮转速 n(r/min)时,每秒钟链轮转过的圈数为$\left(\frac{n}{60}\right)$,故链的平均速度 v 为

$$v=\frac{z_1 p n_1}{60\times 1\,000}=\frac{z_2 p n_2}{60\times 1\,000}$$

由上式可得链传动的平均传动比为

$$i=\frac{n_1}{n_2}=\frac{z_2}{z_1}$$

(2) 链传动的不均匀性

由于链节在链轮上呈多边形分布，即使主动链轮的角速度 ω_1 = 常数，链传动的瞬时链速和瞬时传动比都要按照一定的周期变化.

如图 7-2 所示，设链的紧边在传动时处于水平位置，并设主动轮以等角速度 ω_1 转动，则其分度圆线速度为 $v_1(v_1 = R_1\omega_1)$. 当链节进入主动轮时，其销轴总是随着链轮的转动而不断改变位置，相应的销轴和链轮中心线与垂直方向上的夹角 β 也不断变化. 当位于 β 角的瞬时，链水平运动的瞬时速度 v 等于链轮圆周速度 v_1 的水平分量，链垂直运动的瞬时速度 v_1' 等于链轮圆周速度 v_1 的垂直分量. 即

$$v = v_A\cos\beta = R_1\omega_1\cos\beta$$
$$v' = v_A\sin\beta = R_1\omega_1\sin\beta$$

同样，从动链轮由于瞬时链速 $v \neq$ 常数和 γ 角(图 7-2)的不断变化，因此它的角速度 ω_2 也是变化的 $\left(\omega_2 = \dfrac{v}{r_2\cos\gamma}\right)$.

所以，链传动的瞬时传动比

$$i = \frac{\omega_1}{\omega_2} = \frac{R_2\cos\gamma}{R_1\cos\beta}$$

由此看来，尽管主动轴的角速度 ω_1 为定值，但 ω_2 随 β，γ 的变化而变化，瞬时传动比 i_s 也随时间变化，所以链传动工作不平稳. 传动比和链速的周期性变化的现象就为链传动的运动不均匀性，也称链传动的多边形效应. 只有当两链轮的齿数相等($z_1 = z_2$)及链紧边的长度恰好是节距的整数倍时，瞬时传动比才能得到恒定值.

(3) 链传动的动载荷

在链传动中存在动载荷，其原因是多方面的. 以下仅从链在传动中所产生的加速度来分析.

链在运动中产生的加速度为

$$a = \frac{dv}{dt} = -R_1\omega_1\sin\beta\frac{d\beta}{dt} = -R_1\omega_1^2\sin\beta$$

根据动力学分析，链传动产生的动载荷和链传动产生的加速度变化是有直接联系的，加速度的变化趋势和特点也决定了动载荷的形成及变化规律.

在链传动设计时要尽可能减小动载荷，必须合理选择参数，同时由于链传动的动载荷效应，使链传动不宜用于高速.

综上分析，链在传动过程中，由于存在多边形效应，使得链条速度和瞬时传动比发生周期性波动，造成传动不平稳现象. 同时，链节与轮齿啮合瞬间存在相对运动，也要引起冲击和噪声，并产生动载荷. 为减小多边形效应，设计时应合理地选择链传动的各种参数.

6. 滚子链传动的失效形式

(1) 链条疲劳破坏

对于中低速闭式链传动中的链板易发生疲劳断裂，中高速闭式链传动中的滚子表面易发生疲劳点蚀和裂纹. 疲劳破坏是限定链传动承载能力的主要因素.

(2) 链条铰链磨损

发生在销轴和套筒承压表面上. 磨损后,链节距变长,垂度变大,动载荷加大,易引起跳齿或脱链.

(3) 链条铰链胶合

当润滑不当或速度过高时,铰链工作表面易发生胶合. 这种失效形式限定了链传动的极限转速.

(4) 静力拉断

在低速重载或严重过载的链传动中常发生.

7. 链传动的承载能力

随着链传动技术的发展,磨损已不再是限定其承载能力的主要失效形式. 这是由于链条及链轮材料、热处理工艺的改进,链条零件表面硬度及耐磨性有很大提高的缘故. 又因近代润滑技术的发展和对链条工作时铰链润滑状态的试验研究发现,当链条啮入链轮齿间而相对转动 $360°/z$(z 为链轮齿数)时,铰链内部润滑油可形成承载油楔,这时套筒和销轴间处于流体动力润滑状态. 实践证明:一台设备用安装正确、润滑得当、质量合乎标准的滚子链传动,在运转中由于磨损产生的伸长率还没有达到全长的 3%时,链条元件已产生疲劳破坏或胶合,所以确定滚子链传动的承载能力,通常以抗疲劳强度为中心的多种失效形式的功率曲线为依据,只有在恶劣的润滑状态下工作的链传动,磨损才作为限定其承载能力的依据.

学习本节时,还必须弄清额定功率曲线图的意义和实验条件. 额定功率曲线图是在特定条件下用国产 10 种型号的单列 A 系列滚子链做试验,在避免出现各种失效形式的前提下,按试验数据绘制而成的. 它代表不同链节距的单列链条,在不同转速 n_1 和不同润滑条件下所能传递的功率,是滚子链传动设计的依据.

8. 链传动的主要参数及其选择

(1) 传动比 i

传动比增大,则包角 α_1 减小,同时啮合的链轮齿数就少,加大了链轮磨损,影响承载能力,通常规定 $i=2\sim3.5$.

(2) 链轮齿数 z_1 和 z_2

链轮齿数的合理选择是链传动设计中的重要内容之一. 小链轮齿数太少则链传动的运动不均匀性和动载荷都会增大,传动平稳性下降,噪声增大,因此,小链轮齿数宜选大些,有利于改善链传动的性能. 但是,z_1 选得太大,在传动比一定时,大链轮齿数 z_2 增大,不仅增大传动的尺寸和重量,而且会缩短链条的使用寿命. 设计时,应使 $z_{min}\geqslant 9$,常用的范围 $17\leqslant z\leqslant 150$.

此外,为了避免采用过渡链节,链条节数 L_p 一般取偶数,为使链条与链轮之间磨损均匀,链轮齿数取奇数.

(3) 链节距 p 及链条排数

链节距 p 是反映链条承载能力的重要参数,已标准化. 链节距 p 越大,排数越多,链条的承载能力越大,但是会导致运动不均匀性及附加动载荷增大,从而使得载荷分布不均性增大及传动尺寸增大. 选择节距 p 和排数的原则是:在满足承载能力的条件下,尽可能选择小节距的单排链;高速、重载的传动选小节距多排链;低速、重载的传动宜选用节距较大、排数较少的链条.

(4) 中心距 a

传动比 i 一定时,中心距 a 越小,则包角 α_1 减小,同时啮合的齿数减少,在一定链速下,单位时间内链条绕过链轮的次数增多,从而加剧链条的疲劳和磨损,使链条的使用寿命缩短.但是,中心距 a 太大,链条松边的垂度加大,链条易上下抖动.初步设计时,推荐 $a_0=(30\sim50)p$,最大取 $a_{0\max}=80p$.

7.4 典型例题

【例 7-1】 V带传动传递的功率 $P=7.5$ kW,带速 $v=10$ m/s,紧边拉力是松边拉力的两倍,即 $F_1=2F_2$.试求紧边拉力 F_1,有效拉力 F_e 和预紧力 F_0(忽略离心力的影响).

解 因为

$$P=\frac{(F_1-F_2)v}{1\,000}$$

将 $P=7.5$ kW 代入上式,得

$$(F_1-F_2)v=7\,500$$

又因为 $F_1=2F_2$,联立可得

$$F_1=1\,500\text{ N},\quad F_1=750\text{ N}$$

有效拉力 $$F_e=F_1-F_2=750\text{ N}$$

预紧力 $$F_0=\frac{F_1-F_2}{2}=1\,125\text{ N}$$

【例 7-2】 一带传动的小轮、大轮直径、两轮中心距、带和带轮材料、初拉力以及小轮的转速和转向均已确定.试问:若其他条件均不改变,仅将主动轮出小轮改换为大轮,其所能传递的最大有效圆周力 F_{ec} 和最大功率 P 有无改变?

解 本题的核心是最大有效圆周力 F_{ec} 的确定.

$F_{ec}=2F_0\left(\frac{e^{f\alpha}-1}{e^{f\alpha}+1}\right)$,现 F_0, f, α_1 均不变,故最大有效圆周力 F_{ec} 不变.

最大能传动率 $P=\frac{F_{ec}v}{1\,000}$,现 F_{ec}, v 均不变,最大能传动率 P 不变.

【例 7-3】 设计某车床电动机和床头箱之间的窄 V 带传动.电动机的型号 Y132M-4 型,额定功率 $P=7.5$ kW,转速 $n_1=1\,440$ r/min,传动比 $i=1.8$,每天工作 16 h 以上.

解 (1)确定计算功率 P_{ca}

由教材表 7-11 查得工况系数 $K_A=1.3$,故 $P_{ca}=K_AP=1.3\times7.5\text{ kW}=9.75\text{ kW}$.

(2) 选择窄 V 带带型

根据 P_{ca}, n_1 由教材图 7-10 确定选用 SPZ 型.

(3) 确定带轮基准直径

由教材表 7-3 和表 7-12 查得主动轮基准直径 $d_{d1}=112$ mm,根据教材式(7-19),从动

轮基准直径 $d_{d2} \approx i d_{d1}$，根据教材表 7-12，取 $d_{d2}=200$ mm.

验算带的速度

$$v=\frac{\pi d_{d1} n}{60 \times 1\,000}=\frac{\pi \times 112 \times 1\,440}{60 \times 1\,000}=8.44 \text{ m/s}<35 \text{ m/s}$$

故带的速度合适.

(4) 确定窄 V 带的基准长度和传动中心距

根据 $0.7(d_{d1}+d_{d2})<a_0<2(d_{d1}+d_{d2})$，初步确定中心距 $a_0=600$ mm.

根据教材式(7-29)计算所需带的基准长度为

$$\begin{aligned} L_d' &= 2a_0+\frac{\pi}{2}(d_{d1}+d_{d2})+\frac{(d_{d2}-d_{d1})^2}{4a_0} \\ &= 2 \times 600+\frac{\pi}{2}(112+200)+\frac{(200-112)^2}{4 \times 600}=1\,693.3 \text{ mm} \end{aligned}$$

由教材表 7-2 选取带的基准长度 $L_d=1\,600$ mm.

按教材式(7-30)计算实际中心距 a 为

$$a=a_0+\frac{L_d-L_d'}{2}=600+\frac{1\,600-1\,693.3}{2}=553.4 \text{ mm}$$

中心距可调范围为

$$a_{min}=a-0.015L_d=553.4-0.015 \times 1\,600=529.4 \text{ mm}$$

$$a_{max}=a+0.03L_d=553.4+0.03 \times 1\,600=601.4 \text{ mm}$$

(5) 验算主动轮上的包角

按教材式(7-32)得

$$\alpha_1=180^\circ-\frac{d_{d2}-d_{d1}}{a} \times 57.3^\circ=180^\circ-\frac{200-112}{a} \times 57.3=170.9^\circ>120^\circ$$

主动带轮上的包角合适.

(6) 计算窄 V 带的根数

由教材式(7-33)可知

$$z=\frac{P_{ca}}{(P_0+\Delta P_0)K_\alpha K_L}$$

由 $n_1=1\,440$ r/min，$d_{d1}=112$ mm，$i=1.8$，查教材表 7-5、表 7-6，得 $P_0=2.8$ kW，$\Delta P_0=0.2$ kW，查教材表 7-9，得 $K_\alpha=0.98$，查教材表 7-10，得 $K_L=1.0$，于是

$$z=\frac{9.75}{(2.8+0.2) \times 0.98 \times 1.0}=3.32$$

取 $z=4$ 根.

(7) 计算预紧力 F_0

由教材式(7-34)可知

$$F_0=500 \frac{P_{ca}}{zv}\left(\frac{2.5-K_\alpha}{K_\alpha}\right)+qv^2$$

查教材表 7-4,得 $q=0.07\ \text{kg/m}$,于是

$$F_0=500\times\frac{9.75}{4\times8.44}\left(\frac{2.5-0.98}{0.98}\right)+0.07\times8.44^2=229\ \text{N}$$

(8) 计算作用在轴上的压力 F_Q

由教材式(7-35)得

$$F_Q=2zF_0\sin\frac{\alpha}{2}=2\times4\times229\times\sin\frac{171^\circ}{2}=1\ 784\ \text{N}$$

(9) 带轮结构设计(略).

【例 7-4】 试对图 7-3 链传动布置的合理性进行分析.

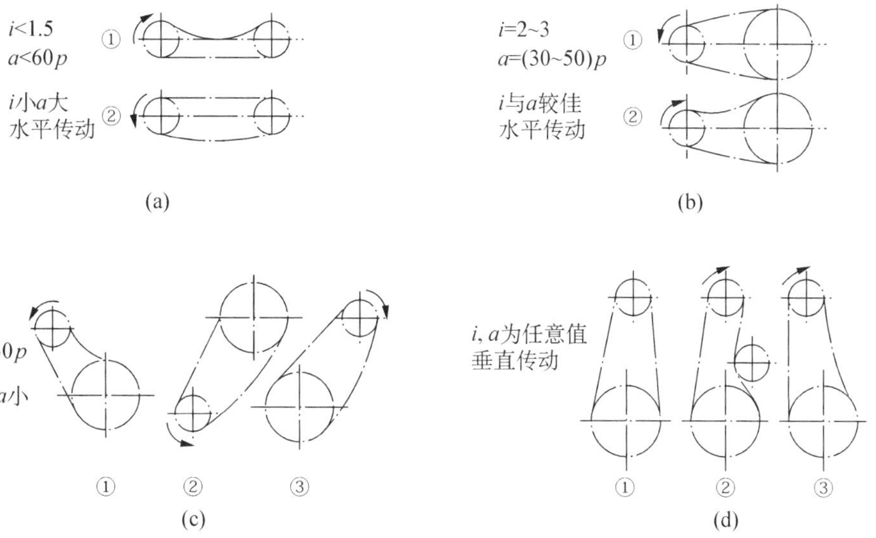

图 7-3 链传动布置

解 综合考虑轴线位置、紧边松边及下垂,原则上应使紧边在上.

① 方案①松边在上,下垂量大,不合理,方案②合理.

② 两轮轴线在同一水平面上,下垂量小,紧边在上在下都可以,方案①紧边在上较好.

③ 方案①松边在上不合理,方案②、③松边在下较方案①合理.

④ 方案①两轮轴线在同一铅垂面内,下垂量增大,会减少下链轮啮合齿数,降低承载能力,不合理;方案②两轮轴线在同一铅垂面内,但在松边设置张紧装置,方案③上下两轮错开,使其不在同一铅垂面,均可采用.

7.5 习 题

1. 思考题

(1) 带传动的工作能力取决于哪些方面? 请分析预紧力 F_0、小轮包角 α_1、小轮直径 d_{d1}、传动比 i 和中心距 a 数值大小对带传动的影响.

(2) 试述带传动的弹性滑动与打滑的现象、后果及其机理.

(3) 带上一点的应力在运转中如何变化？带传动有哪些失效形式？设计 V 带传动时计算承载能力的基本公式依据是什么？为什么要限制带速？如小轮包角 α_1 过小，带的根数过多，应分别如何处理？

(4) 试从工作原理、结构、特点和应用将带传动和链传动作比较.

(5) 为什么链传动平均转数 $\frac{n_1}{n_2}$ 是恒定的，而瞬时角速比 $\frac{\omega_1}{\omega_2}$ 是变化的？这种变化有无规律性？

(6) 滚子链传动的主要失效形式有哪些？计算承载能力的基本公式依据是什么？

2. 填空题

(1) 带传动依靠带轮与张紧其上带之间的________进行工作，能缓和________，吸收________，中心距可以较________.

(2) 带传动的主要失效形式是________和________.

(3) 带传动工作时由于存在________，主、从动轮的转速比不能保持准确.

(4) V 带传动中，带的________是工作面，属________摩擦，摩擦较平带传动________.

(5) 小带轮直径越小，带的弯曲应力越________，使用寿命越________.

(6) 带传动工作时的应力有________、________和________，最大应力发生在________，大小为________.

(7) 链传动是靠链条与链轮轮齿的________传递运动和动力，链条一般无须张紧，传动效率较带传动________，平均转速比 $\frac{n_1}{n_2}=$________，数值稳定.

(8) 滚子链主要由________、________、________、________和________五个部分组成.

(9) 滚子链中，外链板与销轴是________配合，内链板与套筒是________配合，套筒与销轴是________配合，套筒与滚子是________配合.

(10) 链条长度常以________表示，链传动设计链节数应选________数，当选奇数时，必须采用过渡链节连接，但此时会产生________.

(11) 链条磨损后，节距变________，容易发生调齿或脱链的现象.

(12) 链轮齿数越________，在相同节距增长情况下越易发生跳齿或脱链现象.

(13) 对于一般重载的链传动，应选用节距________的________排链；对于高速重载的滚子链，应选用节距________的________排链.

3. 选择题

(1) 带传动的弹性滑动是________避免的，打滑是________避免的.

A. 不可；不可　　B. 不可；可以　　C. 可以；可以　　D. 可以；不可

(2) 在带传动中，________称为带的有效拉力.

A. 紧边拉力　　B. 松边拉力

C. 初拉力　　D. 紧边拉力和松边拉力之差

(3) 在带传动工作时，产生打滑的条件是________.

A. 有效拉力大于摩擦力总和的极限值　　B. 紧边拉力大于摩擦力总和的极限值

C. 紧边拉力小于摩擦力总和的极限值　　D. 有效拉力小于摩擦力总和的极限值

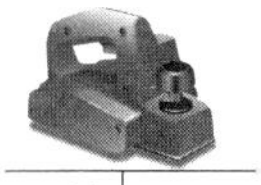

(4) 平带、V 带传动中传递运动和动力主要是依靠________.

A. 带的紧边拉力　　B. 带的预紧力

C. 带和带轮接触面间的摩擦力　　D. 带的松边拉力

(5) 带传动中弹性滑动现象的产生是由于________.

A. 带的初拉力达不到规定值　　B. 带与带轮的摩擦系数过小

C. 带的弹性变形　　D. 带型选择不当

(6) 带传动正常工作时,不能保证准确的传动比是因为________.

A. 带存在弹性滑动　　B. 带容易变形和磨损

C. 带在带轮上打滑　　D. 带的材料不符合胡克定律

(7) 链传动与带传动比,最大的优点是________.

A. 工作时平稳、无噪声　　B. 制造费用低

C. 对环境要求高　　D. 能保持准确的平均传动比

(8) 套筒滚子链中,滚子的作用是________.

A. 缓冲吸震　　B. 提高链的承载能力

C. 减轻套筒与轮齿间的摩擦和磨损

(9) 链传动张紧的目的是________.

A. 避免链条垂度过大啮合不良　　B. 增大承载能力

C. 避免打滑

(10) 链条中心距过小的缺点是________.

A. 链条工作时易颤动,运动不平稳　　B. 小链轮上包角小,链条磨损快

C. 链条易脱链

4. V 带传动的 $n_1=1\,450$ r/min,带与带轮的当量摩擦角 $f_v=0.51$,包角 $\alpha_1=180°$,预紧力 $F_0=360$ N. 试问:

(1) 该传动所能传递的最大有效拉力是多少?

(2) 若 $d_{d1}=100$ mm,其传递的最大扭矩为多少?

(3) 若传动效率为 0.95,忽略弹性滑动,从动轮输出的功率为若干?

5. 有一带式输送装置，其异步电动机与齿轮减速器之间用普通 V 带传动，设已知电动机的额定功率 $P=7$ kW，转速 $n_1=960$ r/min，减速器输入轴的转速 $n_2=330$ r/min，允许误差为 $\pm 5\%$，运装置输工作时有轻度冲击，两班制工作，试设计此带传动.

6. 已知主动链轮转速 $n_1=850$ r/min，齿数 $z_1=21$，从动链轮齿数 $z_2=99$，中心距 $a=900$ mm，滚子链极限拉伸载荷为 55.6 kN，工况系数 $k_A=1$，试求链条所能传递的功率.

7. 某链传动传递的功率 $P=1$，主动链轮转速 $n_1=48$ r/min，从动链轮转速 $n_2=14$ r/min，载荷平稳，定期人工润滑，试设计此链传动.

第8章 齿轮传动

8.1 学习要求

(1) 掌握齿廓啮合基本定律的含义、渐开线的形成和性质;了解渐开线齿廓的啮合特性.

(2) 熟练掌握渐开线直齿、斜齿圆柱齿轮和直齿锥齿轮的各部分名称、主要参数的意义和几何尺寸计算.

(3) 掌握一对渐开线齿轮传动的正确啮合条件、连续传动条件和重合度.

(4) 了解成形法和范成法进行轮齿加工的基本原理和特点,明确根切现象产生的原因、后果及相应的避免措施.

(5) 了解齿轮常用材料及热处理方法,闭式传动,开式传动、软齿面齿轮和硬齿面齿轮的含义,齿轮常见失效形式的特征、发生部位及其原因,以及防止或减缓失效的主要措施;明确对应于不同失效形式的设计计算准则.

(6) 熟练掌握直齿、斜齿圆柱齿轮和直齿锥齿轮传动中啮合作用力的分析方法(包括主、从动轮力的大小、方向、着力点的判定及其相互关系),并能在平面图上正确表示;理解齿轮传动强度计算中要用计算载荷而不能用名义载荷的原因,了解载荷系数的物理意义及其影响因素.

(7) 掌握直齿圆柱齿轮传动的齿面接触强度与齿根弯曲强度的基本理论依据、力学模型、应力类型、变化特性、推导计算公式的思路、公式中各参数的意义及应用公式的注意事项,斜齿圆柱齿轮传动、直齿锥齿轮传动的强度计算与直齿圆柱齿轮传动强度计算的异同点.

(8) 了解变位齿轮的成形机理,变位齿轮传动的类型、特点及应用.

(9) 明确齿轮传动润滑的目的,了解不同工作条件下齿轮润滑的方式及要求.

8.2 重点和难点

本章学习的重点是外啮合正常齿制标准渐开线直齿圆柱齿轮的啮合原理、几何尺寸计算、受力分析、强度计算和结构设计;其他类型的齿轮传动与直齿圆柱齿轮传动的异同点. 学习的难点是斜齿圆柱齿轮、直齿锥齿轮的当量齿轮和当量齿数的理解;合理选择齿轮材料、热处理方法、精度等级等;直齿圆柱齿轮强度计算;齿轮传动中啮合作用力的分析;变位齿轮.

8.3 学习指导

齿轮传动是以主动轮轮齿依次推动从动轮轮齿的啮合传动,应用广泛,是本课程的重点章节之一.本章内容较多,建议读者在掌握齿轮传动分类、特点及应用的基础上,贯穿传动要准确平稳和承载能力高两条主线学习和研讨,并以主要学习标准渐开线外啮合直齿圆柱齿轮传动掌握齿轮传动的共性,而对于斜齿圆柱齿轮传动、直齿锥齿轮传动将其与直齿圆柱齿轮传动对照学习,掌握其特性.

1. 齿廓啮合基本定律和渐开线齿廓

瞬时角速度比$\frac{\omega_1}{\omega_2}$(注意:它与平均转速比$\frac{n_1}{n_2}=\frac{z_2}{z_1}$是两个不同的概念)恒定不变是对齿轮齿廓的最基本要求.齿廓啮合基本定律是对能满足上述要求作为一对齿轮传动的两轮齿廓曲线形状的基本条件:两轮齿廓不论在哪个位置接触,过接触点所作齿廓的公法线必和连心线O_1O_2相交于一定点(节点),节点常以C标记,即$\frac{\overline{O_2C}}{\overline{O_1C}}=\frac{\omega_1}{\omega_2}$.凡能满足齿廓啮合基本定律的一对齿廓称为共轭齿廓.共轭齿廓很多,机械传动中以渐开线齿廓应用最广.

切于基圆的发生线绕圆周作无滑动的纯滚动时,其上任一点的轨迹为该圆的渐开线.由渐开线的形成过程,可得出渐开线的五条性质,在后续内容中多次运用,须融会贯通,并理解渐开线齿廓不仅满足定角速比要求,而且还具有齿轮传动的可分性和啮合角为常数两个重要优点.

2. 渐开线齿轮的主要参数及几何尺寸

(1) 标准直齿圆柱齿轮

基本参数为齿数z,模数m,分度圆压力角α,齿顶高系数h_a^*及顶隙系数c^*.其中,模数m为分度圆齿距p与π的比值$\frac{p}{\pi}$,按标准系列取值,单位为mm,是决定齿轮及其轮齿大小和承载能力的重要参数;标准规定$\alpha=20°$,正常齿制$h_a^*=1$, $c^*=0.25$.这五个基本参数对计算标准直齿圆柱齿轮的各部分尺寸很重要,必须熟记.

齿轮各部分名称和基本尺寸计算非常重要,必须熟练掌握,但涉及的名词多、符号多、公式和数据也多,可归纳为五个圆(齿顶圆、齿根圆、分度圆、基圆、节圆)、四段弧(分度圆齿厚、分度圆齿槽宽、分度圆齿距、基圆齿距)、三段长(齿顶高、齿根高、齿全高)、两个角(分度圆压力角、啮合角)和一个距(中心距),掌握它们的含义,熟记$m=\frac{p}{\pi}$, $d=mz$, $d_b=d\cos\alpha$几个基本公式和α, h_a^*, c^*取值,正常齿制标准直齿外圆柱齿轮的几何尺寸将可迎刃而解.根据内圆柱齿轮和齿条的结构特点,其几何尺寸也不难分别求得.

需要着重指出:不能混淆标准齿轮和标准安装、分度圆与节圆、分度圆压力角和啮合角等概念.

分度圆是一个齿轮几何尺寸计算的基准圆，每个齿轮都有一个大小确定的分度圆. 当一对齿轮互相啮合时，通过节点的圆才是节圆. 对于单个齿轮而言，节圆无意义. 当一对齿轮啮合时，它们的节圆随中心距的变化而变化，但分度圆不变. 因此，节圆和分度圆可以重合也可以不重合. 分度圆和节圆的区别见表 8-1.

表 8-1　　分度圆与节圆的区别

项目	分　度　圆	节　　圆
定义	具有标准压力角和标准模数的圆	啮合时作纯滚动的瞬心圆
数值	$r_1=\dfrac{mz_1}{2}$，　$r_2=\dfrac{mz_2}{2}$	$r'_1=a'(1+i_{12})$，　$r'_2=\dfrac{a'i_{12}}{1+i_{12}}$
变化	大小决定于齿数及模数	大小决定于安装中心距 a'，大小可以变化
存在	单个齿轮上必定存在着分度园	单个齿轮上不存在节圆
个数	不论同时和几个齿轮啮合，一个齿轮上只有一个分度圆	若一个齿轮同时和多个齿轮啮合，则可能同时有几个节圆
基准	是齿形参数计算的基准	是强度计算的基准

齿轮渐开线齿廓上某一点的压力角 α 是指该点线速度方向与该点法线方向所夹的锐角. 渐开线齿廓上各点压力角的大小是不相等的(齿条齿廓例外). 分度圆压力角是渐开线与分度圆交点的压力角，满足关系式 $\cos\alpha=\dfrac{d_b}{d}$，为标准压力角. 啮合角是在一对渐开线齿轮啮合传动时，啮合线与过节点所作两轮节圆的公切线之间所夹的锐角，它在数值上等于渐开线齿廓在节圆上一点处的压力角，随中心距的变化而变化，它与分度圆压力角是两个不同的概念. 当节圆与分度圆重合时，啮合角在数值上等于齿轮分度圆的压力角.

标准齿轮是指模数 m、分度圆压力角 α、齿顶系数 h_a^* 和顶隙系数 c^* 均为标准值，且分度圆上理论齿厚 s 等于齿槽宽 e 的齿轮. 所谓标准齿轮标准安装是指两个同 m，α 的齿轮获得分度圆相切，即分度圆与节圆重合，这时的中心距 $a=\dfrac{d_1+d_2}{2}=\dfrac{m(z_1+z_2)}{2}$ 称为标准中心距.

(2) 标准斜齿圆柱齿轮

由于斜齿轮轮齿的倾斜，它的基本参数的特点是：引入了一个分度圆螺旋角 β，并且其模数、压力角有法面与端面之分，其中法面基本参数 m_n，α_n 为标准值，取值与直齿圆柱齿轮相同；而分度圆螺旋角 β 一般为 $8^\circ\sim20^\circ$，并注意旋向有左、右之分. 与直齿圆柱齿轮对照，斜齿圆柱齿轮各部分的几何尺寸计算应着重抓住 $m_t=\dfrac{m_n}{\cos\beta}$，$h_a=m_n$，$h_f=1.25m_n$，$d=m_tz=\dfrac{m_nz}{\cos\beta}$ 及 $\tan\alpha_t=\dfrac{\tan\alpha_n}{\cos\beta}=\dfrac{\tan 20^\circ}{\cos\beta}$ 等几个基本公式.

(3) 标准直齿锥齿轮

相对应于圆柱齿轮传动中的有关“圆柱”在锥齿轮传动中都变成“圆锥”，有分度圆锥面、齿顶圆锥面、齿根圆锥面、基圆锥面以及节圆锥面等. 它的基本参数的特点：引入了一个分度

圆锥角 δ，模数自大端起沿齿长逐渐减小. 标准直齿锥齿轮的几何尺寸以大端为基准，并以大端基本参数 m，α 为标准值. 在标准直齿锥齿轮的几何尺寸计算时应当注意：锥齿轮的分度圆直径、齿顶圆直径、齿根圆直径等都在大端并垂直于回转轴线的平面内度量，而齿顶高、齿根高都在大端面并垂直于分度圆锥母线方向度量；对两轴线垂直相交的标准直齿锥齿轮传动各部分的几何尺寸计算，应着重抓住 $\cot\delta_1=\tan\delta_2=\dfrac{z_2}{z_1}$，$h_a=m$，$h_f=1.2m$，$d=mz$，$d_a=d+2h_a\cos\beta$，$d_f=d-2h_f\cos\beta$，$R=\dfrac{m}{2}\sqrt{z_1^2+z_2^2}$ 等几个基本公式.

3. 正确啮合条件和连续传动条件

(1) 正确啮合条件

两齿轮的法向齿距 p_n（数值上等于基圆齿距）相等方能正确啮合，由此导得直齿圆柱齿轮传动的正确啮合条件：两轮模数相等，分度圆压力角相等，即 $m_1=m_2=m$，$\alpha_1=\alpha_2=\alpha$；平行轴斜齿圆柱齿轮传动的正确啮合条件：两轮法面模数相等，法面压力角相等，分度圆螺旋角相等，外啮合两轮螺旋方向相反，内啮合两轮螺旋方向相同，即 $m_{n1}=m_{n2}=m_n$，$\alpha_{n1}=\alpha_{n2}=\alpha_n$，$\beta_1=\pm\beta_2$；直齿锥齿轮传动的正确啮合条件：两轮大端模数相等，大端分度圆压力角相等，且 $m_1=m_2=m$，$\alpha_1=\alpha_2=\alpha$.

(2) 重合度和连续传动条件

为了实现两齿轮连续传动，必须保证在前一对轮齿尚未脱离啮合时，后一对轮齿能及时地进入啮合. 这就要求实际啮合线段 $\overline{B_1B_2}$（从动轮、主动轮两轮齿顶圆在啮合线截取的线段）应大于或至少等于齿轮的法向齿距 p_n. 通常把 $\overline{B_1B_2}$ 与 p_n 的比值称为齿轮传动的重合度，用 ε 表示；对于直齿圆柱齿轮传动 $\varepsilon=\dfrac{\overline{B_1B_2}}{p_n}$；对于斜齿轮传动 $\varepsilon=\varepsilon_t+\dfrac{b\sin\beta}{\pi m_n}$，其中前项为端面重合度，是用端面参数按直齿轮的重合度公式来计算；而后项为轴面重合度，它随着斜齿轮的螺旋角 β 以及斜齿轮的宽度 b 的增大而增大，这是斜齿轮传动的一大优点. 对于直齿锥齿轮：重合度 ε 为其当量直齿圆柱齿轮传动的重合度. 总之，齿轮连续传动的条件为：重合度必须大于或等于 1.

正确啮合条件和连续传动条件是保证一对齿轮能够正确啮合并连续平稳传动的缺一不可的条件. 如前者不满足，两齿轮便不能正确进入啮合，更谈不上传动是否连续的问题；如后者得不到保证，则两轮的正确啮合传动将会出现中断现象. 故这两个条件解决的问题不同，在概念上应予以分清.

4. 当量齿轮和当量齿数

(1) 斜齿圆柱齿轮的当量齿轮

当用成形法切制斜齿圆柱齿轮时，其刀具刀刃的形状应与斜齿轮的法面齿形相对应. 在斜齿轮强度计算时，其轮齿强度是按其法面齿形来计算的. 因此，需要找出一个与斜齿轮法面齿形相当的直齿轮来. 为此，取模数 m、压力角 α、齿顶高 h_a 及顶隙 c 分别等于斜齿轮的法面模数 m_n、法面压力角 α_n、法面齿顶高 h_{an} 及法面顶隙 c_n，取其齿数为 $z_v=\dfrac{z}{\cos^3\beta}$，这样就构造出了一个假想的直齿圆柱齿轮，称之为该斜齿轮的当量齿轮. 此当量齿轮的齿数 z_v 称为当量齿数. 由于斜齿轮的法面齿形可用当量齿轮齿形表示，因此，斜齿轮加工时齿轮铣刀的选择、轮齿的强度计算及不发生根切的最少齿数均按当量齿数来确定.

(2) 直齿锥齿轮的当量齿轮

直齿锥齿轮的啮合属于空间啮合,研究其齿形较为困难,这就需要找出一个与其齿形相当的直齿圆柱齿轮.因锥齿轮的背锥齿轮齿形与其圆柱齿轮的齿形相当,而且它又是可展的,所以可设想将背锥齿轮展成扇形齿轮并补满缺口;这样将获得一个假想的圆柱齿轮,称之为该锥齿轮的当量齿轮.此当量齿轮的齿数 $z_v=\dfrac{z}{\cos\delta}$. 由此可见,直齿锥齿轮的当量齿轮是一个齿数为 z_v,其模数、压力角、齿顶高及顶隙分别等于该锥齿轮大端基本参数的直齿圆柱齿轮.这个直齿轮的齿形就代表了锥齿轮的齿形.一对锥齿轮的啮合传动可视为一对当量齿轮的啮合传动来研究.

5. 线齿轮的加工和根切现象

(1) 齿廓切削原理

轮齿的加工方法很多,目前最常用的是切削法.切削法按其原理可分为成形法和范成法.

成形法常采用刀具刀刃形状与被切齿轮的齿槽形状相同的盘形铣刀或指状铣刀在普通卧式铣床或立式铣床上加工,通常按被切齿轮的模数、压力角及齿数来选择刀号,其切齿原理简单,不需要专用切齿机床,加工精度较低,生产率低,适合于修配和单件、小批量生产及精度要求不高(9 级或 9 级以下)的齿轮加工.

范成法是利用一对齿轮互相啮合时其共轭齿廓互为包络线的原理来切齿的,是目前轮齿加工的主要方法,主要工艺方法有插齿、滚齿等.用范成法加工出的齿廓是刀具齿刃的共轭齿廓,被加工的齿轮与刀具的模数、压力角相同,故用同一把刀具可切制出各种齿数的齿轮,精度较高(可加工出 8 级或 8 级以上精度的齿轮),特别是滚齿生产效率高,适合于大批量生产.使标准齿条型刀具的分度线刚好与轮坯的分度圆相切而范成加工出的齿轮即为标准齿轮.

(2) 根切现象及不发生根切的最少齿数

用范成法加工齿轮时,若刀具的齿顶线或齿顶圆与啮合线的交点超过了被切齿轮的啮合极限点 N1 时,则刀具的齿顶将把被切齿轮齿根的渐开线齿廓切去一部分,这种现象称为根切现象.根切不仅削弱了轮齿根部的抗弯强度,还可能影响传动的平稳性.可由理论导出标准直齿圆柱齿轮不发生根切的最少齿数 $z_{\min}=\dfrac{2h_a^*}{\sin^2\alpha}$,当 $h_a^*=1$, $\alpha=20°$ 时,$z_{\min}=17$. 对于标准斜齿圆柱齿轮和直齿锥齿轮不发生根切的条件均应为各自的最少当量齿数 $z_{v\min}=17$,即各自的最少齿数 $z_{\min}$ 分别为 $17\cos^3\beta$ 和 $17\cos\delta$.

6. 齿轮传动的失效形式和计算准则

齿轮传动的主要失效形式有轮齿折断、齿面磨粒磨损、齿面点蚀、齿面胶合、齿面塑性变形五种.在学习时不仅要掌握失效的现象,而且要掌握每种失效现象的常见场合、失效原因、避免或减轻失效的方法.

从分析齿轮传动的工作状况、受力及应力状况、失效形式等出发,按照齿轮传动在预定的工作寿命期间具有足够抵抗失效的能力这个原则来确定设计准则.应注意掌握几个基本点:损伤出现于轮齿的什么部位,损伤的基本原因,损伤表明了轮齿的什么能力(或强度)不足,以及保证齿轮传动所需工作寿命应采取的措施等.目前的强度计算采用如下方式:

(1) 软齿面闭式传动一般为齿面点蚀失效，故计算时通常先按齿面接触强度条件确定主要参数和传动尺寸，然后再按弯曲强度条件进行校核计算.

(2) 对于硬齿面或铸铁齿轮的闭式传动，其失效形式通常为断齿，故设计时一般先按弯曲强度条件确定齿轮的模数和尺寸，再按接触强度进行核算.

(3) 对于开式齿轮传动，主要失效形式是磨损或断齿，目前磨损计算尚不成熟，无特殊要求的只进行弯曲强度计算，确定齿轮的模数，考虑到磨损后齿厚变薄，在计算时根据齿厚允许的磨损量适当降低许用弯曲应力的 20%～50%.

7. 齿轮传动的受力分析

轮齿的受力分析很重要，应能对主动轮和从动轮上各力的大小进行计算，对各分力的方向和作用点十分清楚，而且能在图面上正确表达.

直齿圆柱齿轮的受力分析比较简单，但它是斜齿圆柱齿轮和直齿锥齿轮受力分析的基础. 应明确记住：力的作用点为节点；轮齿间相互作用的法向力(总作用力)F_n. 沿啮合线指向工作齿面，F_n 分解为圆周力 F_t 和径向力 F_r，主动轮圆周力 F_{t1} 的方向与齿轮的转向相反，径向力 F_r 的方向对外齿轮由力的作用点沿半径指向轮心，对内齿轮则背离轮心. 从动轮所受的力与主动轮上的力大小相等，方向相反，即 $\overrightarrow{F_{t1}}=-\overrightarrow{F_{t2}}$, $\overrightarrow{F_{r1}}=-\overrightarrow{F_{r2}}$；计算公式为 $F_{t1}=\dfrac{2T_1}{d_1}$, $F_{r1}=F_{t1}\tan\alpha$.

与直齿圆柱齿轮比较，因斜齿圆柱齿轮的齿向偏斜了一个分度圆螺旋角 β，法向力 F_n 作用在法面内并指向工作齿面. 法向力 F_n 分解成三个方向相互垂直的分力：圆周力 F_t、径向力 F_r 和轴向力 F_a. 力的作用点及主动轮上的作用力 F_{t1}, F_{r1} 的方向仍按对直齿轮的规定进行确定. 主动轮轴向力 F_{a1} 的方向与轮齿旋向和齿轮转向有关，当螺旋方向为右旋时，用右手判定，为左旋时，用左手判定，四指弯曲表示主动齿轮的回转方向，大拇指伸直的方向就是 F_{a1} 的方向(切记不适用从动轮). 从动轮所受各力仍按作用力与反作用力大小相等、方向相反的规律确定，即 $\overrightarrow{F_{t1}}=-\overrightarrow{F_{t2}}$, $\overrightarrow{F_{r1}}=-\overrightarrow{F_{r2}}$, $\overrightarrow{F_{a1}}=-\overrightarrow{F_{a2}}$；计算公式为 $F_{t1}=\dfrac{2T_1}{d_1}$, $F_{r1}=\dfrac{F_{t1}\tan\alpha_n}{\cos\beta}$, $F_{a1}=F_{t1}\tan\beta$.

与直齿圆柱齿轮比较，直齿锥齿轮的轮齿沿分度圆锥角 δ 的截锥面分布并由小端向大端增大，法向力 F_n 在过齿宽中点的背锥面内指向工作齿面，它亦分解为三个方向相互垂直的分力，即圆周力 F_t、径向力 F_r 和轴向力 F_a. 必须注意：

(1) 由于主、从动轮的轴线相互垂直($\delta_1+\delta_2=90°$)，因而主动轮的径向力 F_{r1} 与从动轮的轴向力 F_{a2} 大小相等，方向相反；而轴向力 F_{a1} 与从动轮的径向力 F_{r2} 大小相等，方向相反.

(2) 主动轮的 F_{t1}, F_{r1} 的方向仍沿用直齿圆柱齿轮受力分析的规定来确定.

(3) 轴向力 F_a 的方向不论是主、从动轮都是平行于各自轴线且由小端指向大端(使主、从动轮相互分离)，即 $\overrightarrow{F_{t1}}=-\overrightarrow{F_{t2}}$, $\overrightarrow{F_{r1}}=-\overrightarrow{F_{a2}}$, $\overrightarrow{F_{a1}}=-\overrightarrow{F_{r2}}$；计算公式为 $F_{t1}=\dfrac{2T_1}{d_{m1}}$, $F_{r1}=F_{t1}\tan\alpha\cos\delta_1$, $F_{a1}=F_{t1}\tan\alpha\sin\delta_1$. 注意：$d_{m1}=d_1\left(1-\dfrac{0.5b}{R}\right)$.

需要指出，强行记忆这些作用力公式并无必要，应立足于熟悉受力分解图，圆周力 F_t 的大小可直接由齿轮所传递的转矩确定，因此在进行齿轮受力分析时，总是将其他各力表示为 F_t 的函数.

8. 齿轮传动的强度计算

齿轮传动强度计算一般只进行两类强度计算：齿面接触疲劳强度计算及齿根弯曲疲劳强度计算. 齿面接触疲劳强度计算是将轮齿节线接触视为两圆柱体接触，以弹性力学赫兹公式为基础导出齿面最大接触应力 σ_H，使其不超过许用接触应力$[\sigma_H]$，得到接触强度公式；齿根弯曲疲劳强度计算是将轮齿视为一悬臂梁，认为齿顶啮合时，齿根部产生最大弯曲应力，计入应力集中等因素后，导出危险截面上最大弯曲应力 σ_F，使其不超过许用弯曲应力$[\sigma_F]$，得到弯曲强度公式. 两种强度公式均各有等价的校核公式和设计公式. 校核公式用于已知齿轮尺寸，根据载荷验算齿轮强度；设计公式由强度校核公式推导而得，用于已知载荷确定齿轮尺寸. 在强度计算前，首先要明确计算准则. 两种强度的校核公式和设计公式，即一对外啮合钢制标准直齿圆柱齿轮传动的强度计算，其齿面接触疲劳强度的校核公式和设计公式分别为

$$\sigma_H = 671\sqrt{\frac{(\mu+1)KT_1}{\mu b d_1^2}} \leqslant [\sigma_H] \quad \text{N/mm}^2$$

和

$$d_1 \geqslant \sqrt[3]{\left(\frac{671}{[\sigma_H]}\right)^2 \frac{(\mu+1)KT_1}{\mu\psi_d}} \quad \text{mm}$$

齿根弯曲疲劳强度校核公式和设计公式分别是

$$\sigma_F = \frac{2KT_1Y_{Fs}}{bd_1m} = \frac{2KT_1Y_{Fs}}{bm^2z_1} \leqslant [\sigma_F] \quad \text{N/mm}^2$$

和

$$m \geqslant \sqrt[3]{\frac{2KT_1}{\psi_d z_1^2}\left(\frac{Y_{Fs}}{[\sigma_F]}\right)} \quad \text{mm}$$

上述各式中，T_1 为小齿轮转矩(N・mm)；d_1 为小齿轮的分度圆直径(mm)；K 为载荷综合系数；μ 为齿数比，$\mu=\frac{z_2}{z_1}$；b 为轮齿接触宽度(mm)；z_1 为小齿轮齿数；m 为模数(mm)；Y_{Fs} 为复合齿形系数；ψ_d 为齿宽系数，$\psi_d=\frac{b}{d_1}$. 由于简化策略、数值选取等不尽一致，强度计算公式及相应的数据在不同教材中也不完全相同. 读者不必死记硬背而应侧重公式的物理意义、使用范围、应用和主要参数的选择.

齿轮传动的设计计算较为烦琐，应以直齿圆柱齿轮传动为重点，掌握基本概念. 典型的齿轮传动设计一般已知条件为工作情况、传递功率 P、转速 n、传动比 i；待定内容为材料及其热处理方法以及 z_1，z_2，m，a，d_1，d_2，b 等参数和尺寸. 解题步骤：①确定齿轮材料、热处理及许用应力；②分析失效形式，确定采用的强度计算公式；③初步选定参数，求出需要计算的数值；④协调相关参数，确定设计结果.

一对斜齿圆柱齿轮传动在法向平面内近似相当于一对当量直齿圆柱齿轮传动.直齿锥齿轮传动相当于齿宽中点的法向平面内当量直齿圆柱齿轮传动,二者的强度计算均可查用直齿圆柱齿轮对应的四个公式作条件性计算,但需注意斜齿轮、锥齿轮强度公式的模数分别为法面模数 m_n 和平均模数 m_m,而复合齿形系数 Y_{Fs} 应分别按各自的当量齿数 z_v 求得.

计算强度时的注意事项:

(1) 使用一对齿轮齿面接触疲劳强度公式时,必须清楚两齿轮的接触应力 σ_H,总是 $\sigma_{H1}=\sigma_{H2}$,但 $[\sigma_{H_1}]$ 不一定等于 $[\sigma_{H_2}]$,设计中应将 $[\sigma_{H_1}]$ 和 $[\sigma_{H_2}]$ 中的小者代入强度计算公式,要理解接触应力和接触强度的区别,理解接触强度的高低由齿轮传动中心距(或小齿轮分度圆直径 d_1)的大小来表征的道理.要理解强度计算公式中各参数的选取对齿面接触疲劳的影响.

(2) 使用一对齿轮齿根弯曲疲劳强度公式时,要理解复合齿形系数的含义,复合齿形系 Y_{Fs} 只随齿数 z(或当量齿数 z_v)增大而减小以及 Y_{Fs} 和许用弯曲应力 $[\sigma_F]$ 之比 $\left(\dfrac{Y_{Fs}}{[\sigma_F]}\right)$ 是齿轮 1 的 $\left(\dfrac{Y_{Fs1}}{[\sigma_{F1}]}\right)$ 和齿轮 2 的 $\left(\dfrac{Y_{Fs2}}{[\sigma_{F2}]}\right)$ 中较大值代入强度计算公式,齿根弯曲疲劳强度的高低常由模数的大小来表征的道理,以及强度计算公式中各参数的选取对齿根弯曲疲劳的影响.

为了便于安装和补偿轴向尺寸误差,圆柱齿轮传动中一般将小齿轮实际齿宽 b_1 取得比大齿轮实际齿宽 b_2 大 5～10 mm.但在强度计算中仍以大齿轮齿宽 b_2 为准,即在公式中,取 $b=b_2$ 进行计算.

9. 变位齿轮传动

学习时应注意以下三点.

(1) 弄清什么是变位齿轮,即使标准齿条型刀具的分度线偏离轮坯分度圆 Xm 加工的齿轮称为变位齿轮,以及正、负变位齿轮与同参数标准齿轮的异同点,哪些尺寸变化了,哪些尺寸不变.

(2) 根据一对齿轮变位系数之和 $x_\Sigma=x_1+x_2$ 的不同,变位齿轮传动有零传动、正传动和负传动三种类型;与标准齿轮传动相比,节圆、中心距、啮合角的变化;各种传动类型的功用.

(3) 注意正变位、负变位与正传动、负传动是完全不同的概念.

8.4 典型例题

【例 8-1】 一标准渐开线直齿圆柱齿轮,$m=2$ mm,$z=20$,$\alpha=20°$,求其基圆半径及齿顶圆处渐开线的压力角.

解 本题主要考查渐开线的性质.

基圆半径 $$r_b=\frac{m}{2}z\cos\alpha=\frac{2\times20}{2}\cos20°=18.794\ \text{mm}$$

齿顶圆半径 $$r_a=\frac{m}{2}z+h_a=\frac{2\times20}{2}+2=22\ \text{mm}$$

齿顶圆压力角 $$\alpha_a=\arccos\frac{r_b}{r_a}=\arccos\frac{18.794}{22}=31°19'14''$$

【例 8-2】 已知一对外啮合正常齿标准斜齿圆柱齿轮传动的齿数 $z_1=17$，$z_2=64$，法面模数 $m_n=3$ mm，法面压力角 $\alpha_n=20°$，螺旋角 $\beta=12°50'$. 试计算该齿轮传动的中心距 a 及两齿轮的分度圆直径 d_1，d_2.

解 本题属于简单的标准斜齿圆柱齿轮传动基本尺寸的计算，重在考查计算斜齿轮几何尺寸时模数的用法.

(1) 两轮分度圆直径

$$d_1=m_t z_1=\frac{m_n}{\cos\beta}z_1=\frac{3}{\cos12°50'}\times 27=83.08\ \text{mm}$$

$$d_2=m_t z_2=\frac{m_n}{\cos\beta}z_2=\frac{3}{\cos12°50'}\times 64=196.92\ \text{mm}$$

(2) 中心距

$$a=\frac{d_1+d_2}{2}=\frac{83.08+196.92}{2}=140\ \text{mm}$$

或

$$a=\frac{m_n}{\cos\beta}(z_1+z_2)=\left[\frac{3}{\cos12°50'}(27+64)\right]=140\ \text{mm}$$

【例 8-3】 已知一正常齿标准外啮合直齿圆柱齿轮传动：$\alpha_n=20°$，$m=5$ mm，$z_1=19$，$z_2=42$. 试求其重合度 ε，并绘出单齿及双齿啮合区；如果将其中心距 a 加大直至刚好连续传动，试求啮合角 α' 及此时的中心距 a'.

解 本题主要涉及渐开线直齿圆柱齿轮正确啮合和连续传动的条件. 在求啮合区和重合度时，主要的未知数为齿轮 1，2 的齿顶圆压力角根据公式 $\varepsilon=\frac{\overline{B_1B_2}}{p_n}=\frac{1}{2\pi}[z_1(\tan\alpha_{a1}-\tan\alpha')+z_2(\tan\alpha_{a2}-\tan\alpha')]$，求得齿轮传动的重合度. 解析题意，刚好连续传功为 $\varepsilon=1$，本题迎刃而解.

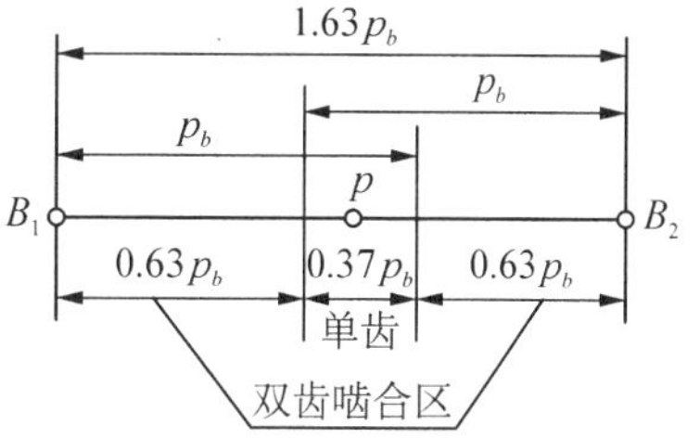

图 8-1　单级及双级齿轮啮合区解

(1) 啮合区及重合度

$$\alpha_{a1}=\arccos\frac{d_{b1}}{d_{a1}}=\arccos\frac{z_1\cos\alpha}{z_1+2h_a^*}=\arccos\frac{19\cos20°}{19+2\times1}=31°46'$$

$$\alpha_{a2}=\arccos\frac{d_{b2}}{d_{a2}}=\arccos\frac{z_2\cos\alpha}{z_2+2h_a^*}=\arccos\frac{42\cos20°}{42+2\times1}=26°14'$$

计算重合度　$\varepsilon=\frac{\overline{B_1B_2}}{p_b}=\frac{1}{2\pi}[z_1(\tan\alpha_{a1}-\tan\alpha')+z_2(\tan\alpha_{a2}-\tan\alpha')]$

标准齿轮标准安装　$\alpha'=\alpha=20°$

故　$\varepsilon=\frac{1}{2\pi}[19(\tan31°46'-\tan20°)+42(\tan26°14'-\tan20°)]=1.63$

则 $\overline{B_1B_2}=1.63p_b$，此传动的单齿及双齿轮啮合区解如图 8-1 所示.

(2) 啮合角 α'

刚好连续传动时，$\varepsilon=1$，于是由重合度计算公式得

$$\alpha' = \frac{\arctan(z_1\tan\alpha_{a1} + z_2\tan\alpha_{a2} - 2\pi)}{z_1 + z_2}$$

$$= \arctan\left(\frac{19 \times \tan31°46' + 42 \times \tan26°14' - 2\pi}{19 + 42}\right) = 23.24°$$

(3) 中心距 a'

由 $r_b = r\cos\alpha = r'\cos\alpha'$ 知

$$r_1\cos\alpha = r_1'\cos\alpha', \quad r_2\cos\alpha = r_2'\cos\alpha'$$

$$a' = r_1' + r_2' = \frac{(r_1 + r_2)\cos\alpha}{\cos\alpha'} = \frac{\frac{m}{2}(z_1 + z_2)\cos 20°}{\cos 23.24°} = 155.96\ \text{mm}$$

【例 8-4】 已知一对直齿圆柱齿轮传动中,1 轮为主动轮,转向如图 8-2 所示.试确定两轮圆周力的指向,并将两轮转向及圆周力的指向标在端面视图中.

解 本题主要考查直齿圆柱齿轮传动的受力分析,相对斜齿轮传动较为简单,只需在左视图上分析,主动轮圆周力与转向相反,从动轮圆周力与转向相同即可.

(1) 若以可见齿宽方向的视图为正视图,则左视图轮 1 的转向为顺时针如图 8-3 所示.

(2) 根据主动轮圆周力 F_{t1} 的方向在啮合点处与轮子转动方向相反,则主动轮圆周力 F_{t_1} 向指向右端.

(3) 根据 $\overrightarrow{F_{t1}} = -\overrightarrow{F_{t2}}$,则 F_{t2} 由啮合点处指向左端.

(4) 根据从动轮在啮合点处的转向与 F_{t2} 相同,则从动轮为逆时针方向转动.

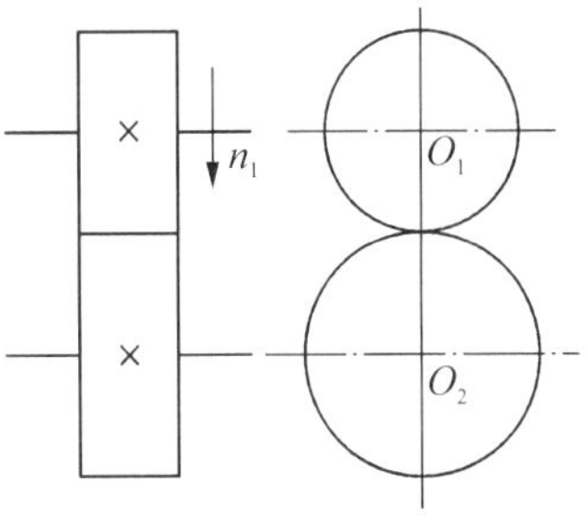

图 8-2 直齿圆柱齿轮传动

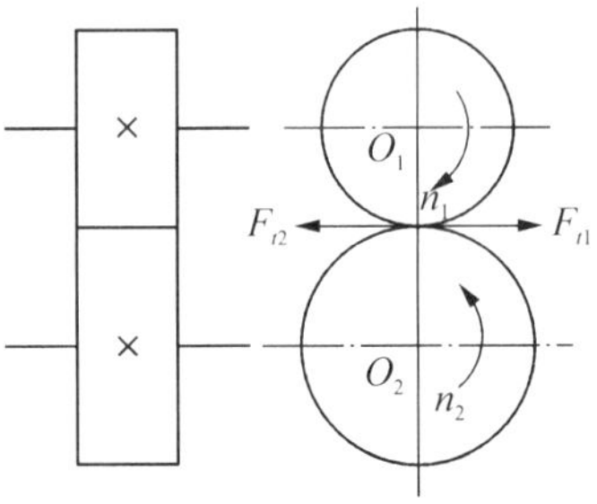

图 8-3 轴向力及转动方向

【例 8-5】 已知在一对斜齿圆柱齿轮传动中,2 轮为从动轮,其螺旋线方向为左旋,圆周力 F_{t2} 方向如图 8-4 所示.试确定主动轮轴向力 F_{a_1} 的方向.

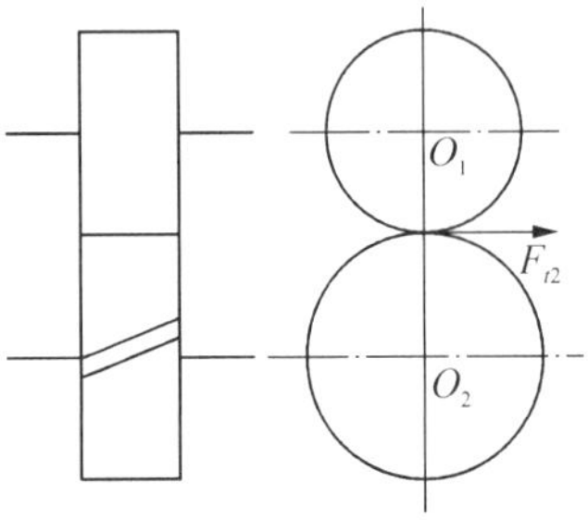

图 8-4 斜齿圆柱齿轮传动

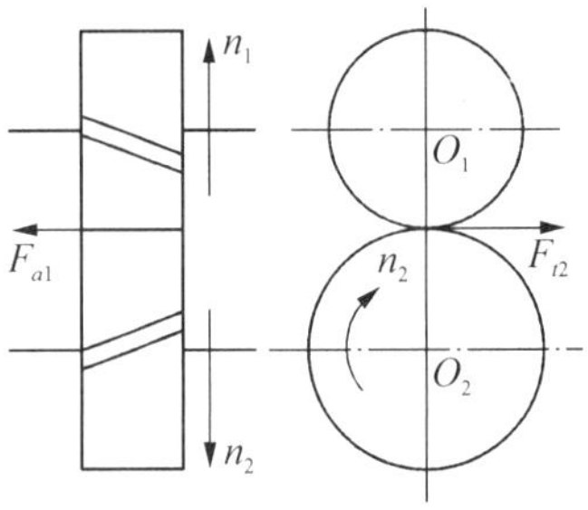

图 8-5 主动轮轴向力

解 将已知条件转换到1轮轴上,用左、右手定则确定轴向力 F_{a1} 的方向.

(1) 根据从动轮圆周力 F_{t2} 方向可知,2轮为顺时针方向回转如图8-5所示;当以端面图为正视图时,2轮的右视图转向为由上向下转.

(2) 1,2轮转向必相反,1轮转向则由下向上转.

(3) 根据斜齿圆柱齿轮的啮合条件可知,当从动轮2为左旋时,主动轮1必为右旋.

(4) 根据右手定则,右手四指弯曲表示主动轮1的转向,这时平伸的拇指指向左,则 F_{a1} 指向左端如图8-5所示.

【例8-6】 一对闭式软齿面外啮合直齿圆柱齿轮传动,已知齿数比 $\mu=4.56$,若取 $z_1=33$,按接触疲劳强度计算出的中心距 $a=227$ mm. 试配凑其模数 m,确定分度圆直径 d_1, d_2 和圆整后的中心距 a,传动比误差不超过 ±0.005.

解 此题属于根据已知的条件配凑模数,主要还是涉及读者对齿轮参数特别是对中心距计算的运用.根据接触强度计算的中心距值,先按假设的齿数,计算出模数并进行圆整,反求齿轮齿数,并校核传动比误差,最后进行圆整后的中心距与分度圆直径的校核.

(1) 初定大齿轮齿数

$$z_2=\mu z_1=4.56\times33=150.48,\ \text{取}\ z_2=150$$

(2) 初定模数

$$m=\frac{2a_{\text{强}}}{z_1+z_2}=\frac{2\times227}{33+150}=2.48\ \text{mm},\ \text{取模数为标准值}\ m=2.5$$

(3) 确定中心距

$$a=\frac{m}{2}(z_1+z_2)=\frac{2.5}{2}(33+150)=228.75\ \text{mm}$$

圆整中心距,取 $a=230>a_{\text{强}}$,可以.

(4) 反求小齿轮齿数

齿数和 $$z_\Sigma=z_1+z_2=z_1(1+\mu)=\frac{2a}{m}=\frac{2\times230}{2.5}=184$$

注:因 z_Σ 为整数,说明当 $a=230$ mm 时,可通过调整 z_1 和 z_2 满足几何关系的要求.

小齿轮齿数

$$z_1=\frac{z_\Sigma}{1+\mu}=\frac{184}{1+4.56}=33.09,\ \text{取}\ z_1=33$$

(5) 计算大齿轮齿数

$$z_2=z_\Sigma-z_1=184-33=151$$

注:此处不能用 $z_2=\mu z_1$ 计算 z_2 值,因为 μ 值一般有误差.

(6) 校核传动比误差和实际传动比误差

实际传动比 $$i=\frac{z_2}{z_1}=\frac{151}{33}=4.575$$

传动比误差 $\Delta_i=\frac{i-i'}{i}=\frac{4.575-4.56}{4.56}=+0.003$，满足 ± 0.005 范围.

（7）计算分度圆直径

$$d_1=mz_1=2.5\times 33=82.5\ \text{mm}$$
$$d_2=mz_2=2.5\times 151=377.5\ \text{mm}$$

（8）校核分度圆直径是否满足圆整后的中心距

$$a=\frac{d_1+d_2}{2}=\frac{82.5+377.5}{2}=230\ \text{mm}$$

计算结果与圆整后 a 值相符，可以.

【例 8－7】 图 8－6 为两级标准斜齿圆柱齿轮传动减速器. 已知齿轮 2 的参数：$m_{n2}=3$ mm，$z_2=51$，$\beta=15°$，左旋；齿轮 3 的参数：$m_{n3}=5$ mm，$z_3=17$. 试问：

（1）低速级斜齿圆柱齿轮的螺旋线方向应如何选择才能使中间Ⅱ轴上两齿轮的轴向力方向相反？若Ⅰ轴转向如图 8－6 所示，试绘制Ⅱ轴的轴测图，并标明 2，3 轮的圆周力 F_t、径向力 F_r 和轴向力 F_a 的方向.

（2）低速级齿轮的螺旋角 β_3 和 β_4，应取多大值才能使Ⅱ轴的轴向力相互抵消.

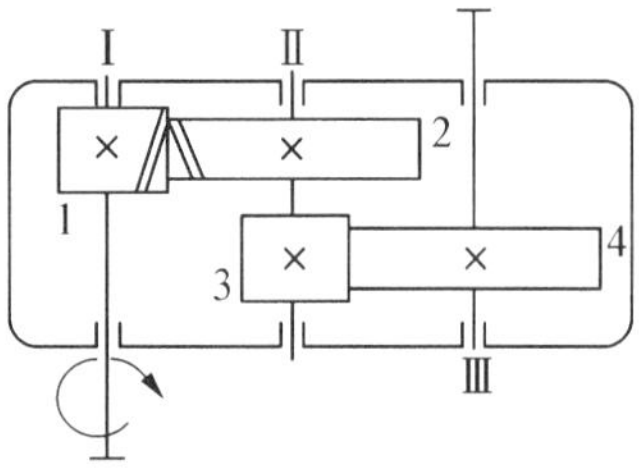

图 8－6　减速器示意

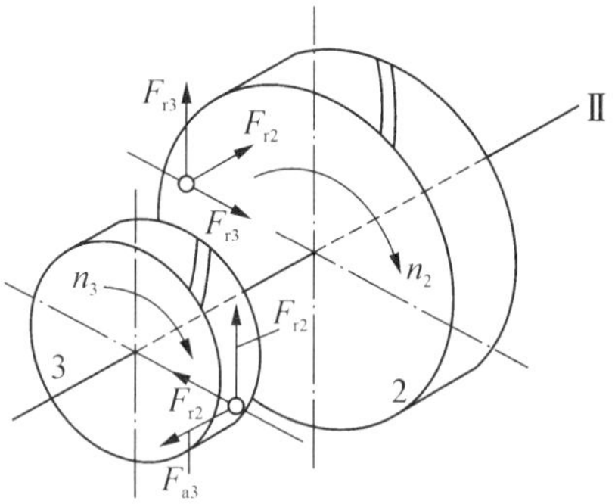

图 8－7　Ⅱ轴轴测

解　本题属于双级斜齿圆柱齿轮传动，在解题时注意根据主动轮到从动轮的分析原则，在分析齿轮 2，3 时注意其属于同一根轴，根据力平衡的原则对最后结果进行检验.

（1）绘出Ⅱ轴的轴测图. 由Ⅰ轴转向判断出Ⅱ轴转向 n_2，如图 8－7 所示. 1 轮为右旋主动齿轮，如图 8－7 所示中按右手规则，其轴向力 F_{a1} 应向Ⅰ轴前，2 轮为从动轮，F_{a2} 应向Ⅱ轴后. 3 轮为主动轮，只有左手定则才能满足 F_{a3} 向Ⅱ轴前，因此，3 轮必须为左旋齿轮. F_{r2}，F_{r3} 由啮合点指向各自的轮心. F_{t3} 与啮合点速度方向相反，F_{t2} 与啮合点速度方向相同.

（2）Ⅱ轴轴向力互相抵消，即 $|F_{a2}|=|F_{a3}|$，因 $F_{a2}=F_{t2}\tan\beta_2$，$F_{a3}=F_{t3}\tan\beta_3$，故 $\tan\beta_3=\frac{F_{t2}}{F_{t3}}\tan\beta_2$. 又因轴 Ⅱ 所传递的转矩 $T_{Ⅱ}=F_{t2}\frac{d_2}{2}=F_{t3}\frac{d_3}{2}$，故

$$\tan\beta_3=\frac{F_{t2}}{F_{t3}}\tan\beta_2=\frac{d_3}{d_2}\tan\beta_2=\frac{\dfrac{m_{n3}z_3}{\cos\beta_3}}{\dfrac{m_{n2}z_2}{\cos\beta_2}}\tan\beta_2$$

因此 $\sin\beta_3=\dfrac{m_{n3}z_3}{m_{n2}z_2}\sin\beta_2=\dfrac{5\times17}{3\times51}\sin15^\circ=0.1438$

算得 $\beta_3=8^\circ16'2''$. 显然 $\beta_4=8^\circ16'2''$,轮 4 为右旋齿轮.

8.5 习 题

1. 选择题

(1) 分度圆是指齿轮上具有________和________的圆.

A. 齿厚 B. 标准模数 C. 齿槽宽 D. 标准压力角

(2) 一对渐开线直齿圆柱齿轮正确啮合条件为________和________.

A. 齿数相等 B. 模数相等 C. 啮合角相等 D. 压力角相等

(3) 渐开线上某点的压力角是指该点所受正压力的方向与该点________方向所夹的锐角,渐开线上离基圆越远的点,其压力角________,基因上的压力角为________.

A. 绝对速度 B. 相对滑动速度 C. 愈大 D. 愈小

E. 20° F. 零度

(4) 当用范成法加工齿轮的变位系数 $x>x_{\min}$ 时,________根切;当 $x<x_{\min}$ 时,________根切.

A. 可能 B. 一定 C. 不一定

(5) 正变值齿轮的变位系数 x________,分度圆齿厚________标准值. 齿顶高________标准值;负变位齿轮的变位系数 x________,分度圆齿间宽________标准值,齿根高________标准值.

A. >0 B. $=0$ C. <0 D. $>$

E. $=$ F. $<$

(6) 一对外啮合斜齿圆柱齿轮传动的正确啮合条件为________,________,________.

A. $m_{n1}=m_{n2}$ B. $\beta_1=\beta_2$ C. $\alpha_{n1}=\alpha_{n2}$ D. $\beta_1=-\beta_2$

E. $z_{v1}=z_{v2}$

(7) 一对齿面硬度 HRS≤350 的齿轮传动,当两轮用相同钢材制造时,一般将________处理.

A. 小齿轮表面淬火,大齿轮调质 B. 小齿轮表面淬火,大齿轮正火

C. 小齿轮调质,大齿轮正火 D. 小齿轮正火,大齿轮调质

(8) 渗碳淬火的 7 级精度钢制齿轮,其制造工艺过程为________.

A. 加工齿坯→滚齿→渗碳→磨齿→淬火 B. 加工齿坯→滚齿→渗碳→淬火→磨齿

C. 加工齿坯→淬火→滚齿→渗碳→磨齿 D. 加工齿坯→滚齿→淬火→渗碳→磨齿

E. 加工齿坯→渗碳→淬火→磨齿→滚齿

(9) B, C, D 三个标准直齿圆柱齿轮,它们的模数和齿数均相同,但压力角不同,$\alpha_B=14.5^\circ$,$\alpha_C=20^\circ$,$\alpha_D=22.5^\circ$,则三个齿轮的齿形系数 Y_{Fs} 中以________最大.

A. Y_{FsB} B. Y_{FaC} C. Y_{FsD}

2. 判断题

(1) 硬齿面齿轮只可能产生轮齿折断,不会产生齿面点蚀. (　　)

(2) 低速重载齿轮不会产生胶合,只有高速重载齿轮才会产生胶合. (　　)

(3) 润滑良好的闭式传动齿轮主要失效形式是磨损;开式传动的主要失效形式为齿面点蚀. (　　)

(4) 所有齿轮中,若不计齿面摩擦力,则一对齿轮的圆周力都是大小相等方向相反的作用力和反作用力. (　　)

(5) 内啮合齿轮传动中,其大小齿轮的径向力都是指向各自的轮心. (　　)

3. 简答、计算题

(1) 试述齿轮传动中基圆、分度圆、模数、渐开线压力角、分度圆压力角、节点、节圆、啮合线、啮合角、重合度的含义.

(2) 某正常齿渐开线标准直齿外圆柱齿轮,齿数 $z=24$. 测得其齿顶圆直径 $d_a=130$ mm. 求该齿轮的模数.

(3) 如图 8-8 所示一对圆弧齿廓能否保证瞬时角速比不变? 为什么?

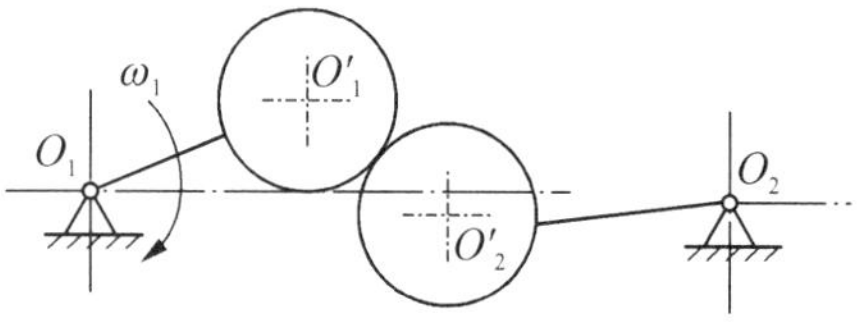

图 8-8　圆弧齿廓

(4) 一对相啮合的齿数不等的标准渐开线外啮合直齿圆柱齿轮,两轮的分度圆齿厚、齿根圆齿厚和齿顶圆上的压力角是否相等哪个较大? 哪个齿轮齿廓较为平坦?

(5) 已知一对标准安装的正常齿标准渐开线外啮合直齿圆柱齿轮传动. 模数 $m=10$ mm. 主动轮齿数 $z_1=18$,从动轮齿数 $z_2=24$,主动轮在上,顺时针转动. 试求:

① 两轮的分度圆直径,齿顶圆直径,齿根圆直径,基圆直径,分度圆齿厚,分度圆齿槽宽,分度圆齿距,基圆齿距,齿顶圆压力角和两轮中心距.

② 以 1∶1 比例尺作端面传动图,注明啮合线,开始啮合点,终止啮合点,实际啮合线段和理论啮合线段,并由图上近似求出这对齿轮传动.

(6) 齿轮失效有哪些形式? 产生这些失效的原因是什么? 在设计和维护中应怎样避免失效?

（7）齿面接触强度计算和齿根弯曲强度计算的目的和基础是什么？各公式中参数的含义、单位是什么？如何正确运用这些公式？一对渐开线齿轮啮合传动，两轮节点处接触应力是否相同？两轮齿根处弯曲应力是否相同？若一对标准齿轮的传动比、中心距、齿宽、材料等均保持不变，而仅改变其齿数和模数，试问将对齿轮的接触强度和弯曲强度各有何影响？

（8）单级闭式减速用外啮合直齿圆柱齿轮传动，小轮材料取 45 号钢调质处理，大轮材料取 ZG270—500 正火处理，齿轮精度为 8 级，传递功率 $P=5$ kW，转速 $n=960$ r/min，模数 $m=4$ mm，齿数 $z_1=25$，$z_2=75$，齿宽 $b_1=84$ mm，$b_2=78$ mm，由电动机驱动，单向转动，载荷较平稳. 试验算其齿面接触强度和齿根弯曲强度.

（9）试设计单级闭式减速用外啮合直齿圆柱齿轮传动. 已知传动比 $i=4.6$，传递功率 $P=30$ kW，转速 $n_1=730$ r/min，长期双向传动，载荷有中等冲击，要求结构紧凑，$z_1=27$，大小齿轮都用 40Cr 表面淬火.

（10）如图 8－9 所示直齿圆柱齿轮传动中，齿轮 1 为主动齿轮，齿轮 2 为中间齿轮，齿轮 3 为从动齿轮. 已知齿轮 3 所受的扭矩 $T_3=98\,000\ \text{N}\cdot\text{mm}$. 其转速 $n_3=180\ \text{r/min}$，$z_3=45$，$z_2=25$，$z_1=22$，$m=4\ \text{mm}$. 假设齿轮啮合效率及轴承效率均为 1，试求：

① 啮合传动时，作用在各齿轮上的圆周力 F_t 和径向力 F_r，并将各力及齿轮转向标于图上.

② 说明中间齿轮 2 在啮合时的应力性质和强度计算时应注意的问题.

③ 若把齿轮 2 作为主动齿轮，则在啮合传动时其应力性质有何变化，其强度计算与前面有何不同？

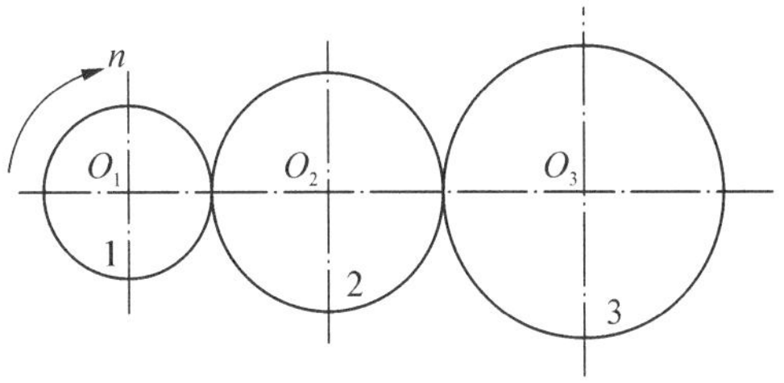

图 8－9　直齿圆柱齿轮传动

（11）如图 8－10 所示为双级斜齿圆柱齿轮减速器，第一级斜齿轮的螺旋角 β_1 的旋向已给出.

① 为使Ⅱ轴轴承所受轴向力较小，试确定第二级斜齿轮螺旋角 β 的旋向，并画出各轮轴向力、径向力及圆周力的方向.

② 若已知第一级齿轮的参数为 $z_1=19$，$z_2=85$，$m_n=5\ \text{mm}$，$a=265\ \text{mm}$，齿轮 1 的传动功率 $P=6.25\ \text{kW}$，$n_1=275\ \text{r/min}$. 试求齿轮 1 上所受各力的大小.

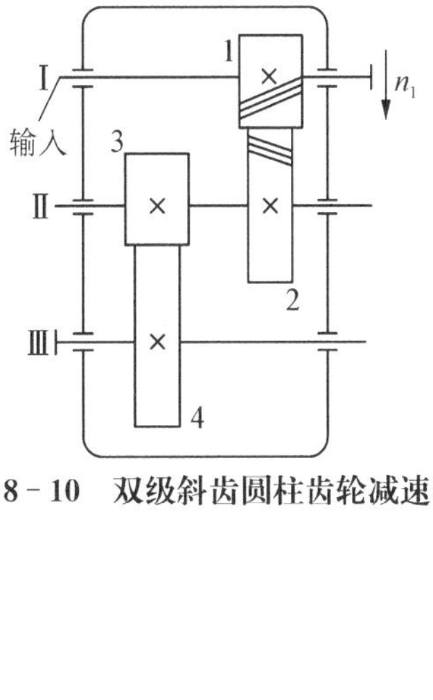

图 8－10　双级斜齿圆柱齿轮减速器

(12) 如图 8 - 11 所示为直齿圆锥齿轮-斜齿圆柱齿轮减速器. 为使Ⅱ轴上的轴向力抵消一部分,试确定一对斜齿圆柱齿轮螺旋线的方向,并绘制各齿轮轴向力、径向力及圆周力的方向.

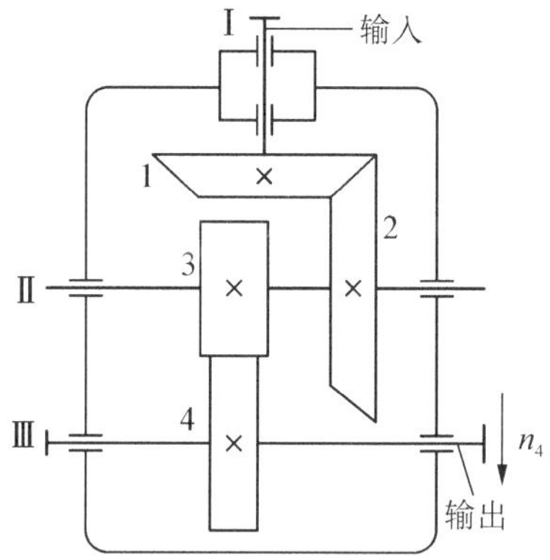

图 8 - 11　直齿圆锥齿轮-斜齿圆柱齿轮减速器

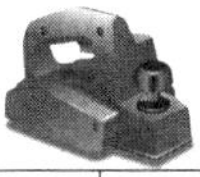

第9章 蜗杆传动

9.1 学习要求

(1) 能阐述蜗杆传动的组成、工作原理、特点和应用.

(2) 熟练掌握蜗杆传动的主要参数和几何尺寸计算.

(3) 了解蜗杆传动时失效形式、材料选择及蜗轮蜗杆结构设计.

(4) 熟练掌握普通圆柱蜗杆传动的运动分析和受力分析,掌握蜗杆传动强度计算和热平衡计算的基本原理与方法.

(5) 了解其他蜗杆传动.

9.2 重点和难点

本章学习的重点是蜗杆传动的工作原理及几何尺寸计算;蜗杆传动的运动分析和受力分析;普通圆柱蜗杆传动的强度计算和热平衡计算;蜗杆、蜗轮结构设计.学习的难点是蜗杆的直径系数 q 的含义的理解;蜗杆轴向力方向和蜗轮转向的判断.

9.3 学习指导

蜗杆传动由蜗杆及蜗轮组成,通常用于传递空间交错成 90°的两轴之间的运动和动力,具有传动比大且结构紧凑、传动平稳且噪声小、可在一定条件下实现反行程自锁、传动效率较低等特点.读者应以普通圆柱蜗杆传动为学习重点,并注意其与齿轮齿条传动、螺旋传动的若干相似之处.

1. 普通圆柱蜗杆传动的主要参数和几何尺寸计算

(1) 模数 m 和压力角 α

阿基米德蜗杆传动在主平面(通过蜗杆的轴线并垂直蜗轮轴线的平面)内相当于一对渐开线齿轮和齿条啮合传动,主平面的参数是标准的:$m_{a1}=m_{t2}=m$;$\alpha_{a1}=\alpha_{t2}=\alpha$.

(2) 蜗杆头数 z_1、蜗轮齿数 z_2 和传动比 i

$i=\dfrac{n_1}{n_2}=\dfrac{z_2}{z_1}$. 要了解 z_1 的选择对传动比 i、啮合效率 η 以及制造的影响，z_2 对蜗轮根切和结构尺寸的影响.

(3) 蜗杆分度圆直径 d_1 与直径系数 q

由于切制蜗轮的滚刀必须与其相啮合蜗杆直径和齿形参数相当，为了减少滚刀数量，并便于标准化，对每一个模数在标准中规定有限个蜗杆的分度圆直径 d_1 值，蜗杆分度圆直径 d_1 与模数 m 比值称为蜗杆直径系数，用 q 表示，即 $q=\dfrac{d_1}{m}$. 需注意：①$d_1=mq\neq mz_1$. ②对于蜗杆轴跨距较大的蜗杆传动，轴的刚度较差，应用较大的 q 值；当模数增大时，蜗杆轴的抗弯刚度比轮齿的弯曲强度和接触强度增加得快，故当模数较大时，应选用较小的 q 值.

(4) 蜗杆分度圆螺旋升角 λ 与蜗轮分度圆螺旋角 β

$\tan\lambda=\dfrac{z_1 p_{a1}}{\pi d_1}=\dfrac{z_1 m}{d_1}=\dfrac{z_1}{q}$ 必须记住，两轴线垂直交错的蜗杆传动，蜗轮分度圆螺旋角 β 恒等于蜗杆分度圆螺旋升角 λ，且蜗轮、蜗杆螺旋方向相同.

(5) 蜗杆传动几何尺寸计算的三个注意点

① 蜗杆蜗轮的分度圆、齿顶圆、齿根圆、中心距都是在主平面上，除 $d_1=mq\neq mz_1$ 外，齿顶圆、齿根圆直径和分度圆直径的关系与圆柱齿轮相同，但齿根高 $h_f=1.2m\neq 1.25m$.

② 蜗轮齿顶圆并非蜗轮的最大圆.

③ 蜗轮轮缘宽度、蜗杆螺纹部分长度按蜗杆头数 z_1 用经验公式计算确定.

2. 蜗杆传动的失效形式和材料选择

蜗杆传动的失效形式有点蚀、磨粒磨损、胶合和弯曲折断. 由于传动轮齿间存在着较大的相对滑动，磨损、发热和胶合现象就更容易发生.

蜗杆传动制造材料的选择主要从减轻磨损和防止胶合两方面考虑. 不论是蜗杆还是蜗轮的材料，除要有足够的强度外，还应具有良好的减摩、耐磨、易于跑合的性能和抗胶合能力. 蜗杆绝大多数采用碳钢和合金钢制造，对于高速重载工况下，还需进行渗碳淬火或表面淬火处理以提高蜗杆传动的胶合能力；相对滑动速度较大的蜗轮常用抗胶合能力强的锡青铜材料，相对滑动较小时，选用无锡青铜或铸铁材料.

3. 蜗杆传动的运动分析和受力分析

(1) 蜗杆传动的运动分析

蜗杆传动的运动分析目的是确定传动的转向及滑动速度. 蜗杆传动中，一般蜗杆为主动，蜗轮的转向取决于蜗杆的转向与螺旋方向以及蜗杆与蜗轮的相对位置. 蜗轮的转向采用左右手定则：当蜗杆为右(左)旋时，用右(左)手四指弯曲的方向代表蜗杆的旋转方向，则平伸的大拇指指向的反方向即为蜗轮的啮合节点速度方向，从而确定蜗轮的转向.

蜗杆蜗轮在啮合节点的圆周速度 v_1，v_2 相互垂直，因而在轮齿间有较大的相对滑动，v_1，v_2 的相对速度 v_s 称为滑动速度，$v_s=\dfrac{v_1}{\cos\lambda}$，它对蜗杆传动发热、啮合处的润滑情况、损坏及材料选择等都有相当大的影响.

（2）蜗杆传动的受力分析

两轴垂直交错、蜗杆为主动件的蜗杆传动其受力分析和斜齿圆柱齿轮传动相似，将主平面啮合节点C处齿面法向力 F_n 分解为圆周力 F_t、轴向力 F_a 和径向力 F_r，三力互相垂直．受力方向：由于蜗杆为主动件，则作用在蜗杆上的圆周力 F_{t1} 与蜗杆在该点的速度方向相反；蜗轮是从动件，则作用在蜗轮上的圆周力 F_{t2} 与蜗轮在该点的速度方向相同，又两轴垂直交错，则作用于蜗杆上的圆周力 F_{t1} 与作用于蜗轮上的轴向力 F_{a2} 大小相等、方向相反；作用于蜗轮上的圆周力 F_{t2} 与作用于蜗杆上的轴向力 F_{a1} 大小相等、方向相反；蜗杆、蜗轮上的径向力 F_{r1}，F_{r2} 都分别由啮合节点 C 沿半径方向指向各自的中心，且大小相等、方向相反．即

$$\vec{F}_{t1}=-\vec{F}_{a2},\quad \vec{F}_{a1}=-\vec{F}_{t2},\quad \vec{F}_{r1}=-\vec{F}_{r2}$$

计算公式为

$$F_{t1}=\frac{2T_1}{d_1},\quad F_{a1}=\frac{2T_2}{d_2},\quad F_{r1}=\frac{2T_2\tan\alpha}{d_2}$$

式中，$T_2=T_1 i\eta$.

4. 蜗杆传动的强度计算和热平衡计算

（1）强度计算

由于蜗杆材料的强度较蜗轮高得多，其螺牙通常不会先于蜗轮损坏，一般不进行蜗杆齿的强度计算，蜗杆只在必要时才进行刚度计算．胶合与磨损在蜗杆传动中虽属常见的失效形式，但目前尚无成熟的计算方法．蜗轮轮齿折断的情况很少发生．只有在受强烈冲击的传动等少数情况下且蜗轮采用脆性材料时，计算其弯曲强度才有实际意义．所以，对于蜗杆传动中蜗轮的强度计算一般只进行蜗轮齿面的接触强度计算．对于钢制蜗杆和青铜或铸铁制的蜗轮其蜗轮齿面接触强度的条件性计算公式为

$$m^2 d_1 \geqslant \left(\frac{480}{[\sigma_H] z_2}\right)^2 K T_2 \quad \mathrm{mm}^3$$

式中，参数 m 为模数(mm)；d_1 真为蜗杆分度圆直径(mm)；K 为载荷系数，考虑载荷集中和动载荷的影响；T_2 为作用于蜗轮上的转矩(N・mm)；$[\sigma_H]$ 为蜗轮的许用接触应力($\mathrm{N/mm^2}$)．由 $m^2 d_1$，值查表确定 m 和 d_1 的值.

（2）热平衡计算

蜗杆传动的效率较低，发热量较大．对闭式传动，如果散热不充分，温升过高，就会使润滑油黏度降低，从而减小润滑作用，导致齿面磨损加剧，甚至引起齿面胶合．所以，对于连续工作的闭式蜗杆传动，应进行热平衡计算．所谓热平衡计算，就是在闭式蜗杆传动正常连续工作时，由摩擦产生的热量应小于或等于箱体表面发散的热量，以保证温升不超过许用值．蜗杆传动热平衡条件公式为

$$t_1=\frac{1\,000P(1-\eta)}{kA}+t_2\leqslant[t_1]\quad ℃$$

式中，t_1 为润滑油的工作温度(℃)；P 为传动输入的功率(kW)；η 为传动效率，$\eta=\eta_1\eta_2\eta_3$，η_1，η_2，η_3 分别为啮合、搅油、轴承效率；k 为平均散热系数($\mathrm{W/m^2}$・℃)；A 为有效散热面积($\mathrm{m^2}$)；t_2 为环境温度(℃)；$[t_1]=75℃\sim85℃$．应采取措施增加散热能力.

9.4 典型例题

【例 9-1】 有一标准普通圆柱蜗杆传动，已知模数 $m=5$ mm，传动比 $i=25$，蜗杆直径系数 $q=10$，蜗杆头数 $z_1=3$，试计算该蜗杆传动的主要几何尺寸.

解析 本题属于普通圆柱蜗杆传动的主要参数和几何尺寸计算，蜗杆传动的几何尺寸主要有蜗杆蜗轮的分度圆直径、中心距、齿顶圆和齿根圆直径、螺旋升角等，计算公式在教科书中均已详细列出，需注意蜗轮轮缘宽度和蜗杆螺纹部分长度根据蜗杆头数的不同而有相应的经验计算公式.

蜗杆分度圆直径 $d_1=mq=5\times10=50$ mm

蜗轮分度圆直径 $d_2=mz_2=miz_1=5\times25\times3=375$ mm

中心距 $a=\dfrac{m(q+z_2)}{2}=\dfrac{5\times(10+75)}{2}=212.5$ mm

蜗杆分度圆上的螺旋升角

$$\lambda=\arctan\frac{z_1}{q}=\arctan\frac{3}{10}=16°42'$$

蜗杆齿顶圆直径 $d_{a1}=d_1+2m=50+2\times5=60$ mm

蜗轮齿顶圆直径 $d_{a2}=d_2+2m=375+2\times5=385$ mm

蜗杆齿根圆直径 $d_{f1}=d_1-2.4m=50-2.4\times5=38$ mm

蜗轮齿根圆直径 $d_{f2}=d_2-2.4m=375-2.4\times5=363$ mm

蜗轮最大外圆直径 $d_{e2}=d_{a2}+m=385+5=390$ mm

蜗轮轮缘宽度 $b_2=0.75d_{a1}=0.75\times60=45$ mm

蜗杆螺纹部分长度

$$L\geqslant(12.5+0.09z_2)m=(12.5+0.09iz_1)m=(12.5+0.09\times25\times3)=96.25\ \text{mm}$$

取 $L=100$ mm.

【例 9-2】 已知蜗杆传动中蜗杆为主动件，蜗杆、蜗轮的转动方向如图 9-1 所示. 试确定各轮的螺旋线方向和各分力方向.

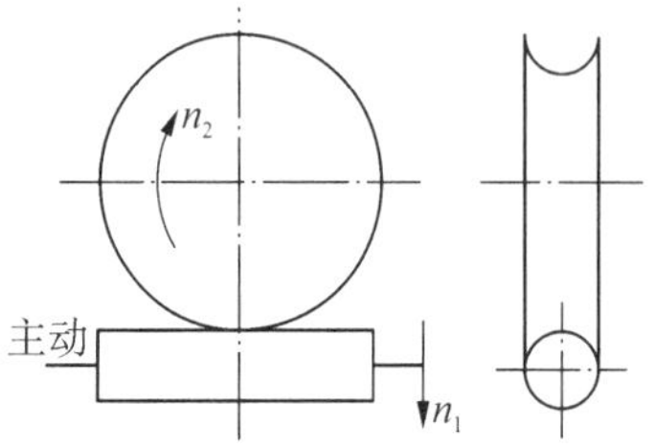

图 9-1 蜗轮-蜗杆传动

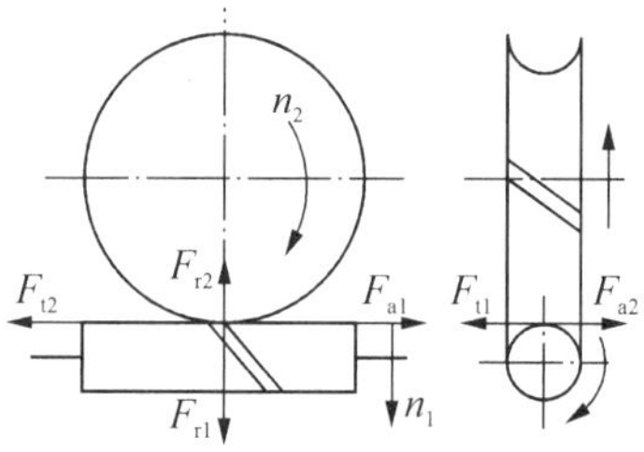

图 9-2 蜗杆旋向及受力情况

解析 先将已知条件转化到蜗杆的主视图上，用"左右手定则"判别出蜗杆的螺旋线方向，然后再根据两轮力的关系，判别其他分力方向.

(1) 根据主视图中从动件蜗轮的转向可知，在啮合点处蜗轮的圆周力 F_{t2} 指向左如图 9-2 所示.

(2) 根据两轮分力关系可知，蜗杆轴向力 F_{a1} 由啮合点处指向右方.

(3) 伸出右手，使四指弯曲的方向与蜗杆在主视图的转动方向相同，因右手拇指与轴向力 F_{a1} 方向相同，所以蜗杆的螺旋线方向为右旋. 蜗轮也为右旋，如图 9-2 中所示.

(4) 如图 9-2 所示中主动件蜗杆的转向可知，在啮合点处蜗杆圆周力 F_{t1} 指向左方，而蜗轮轴向力 F_{a2} 指向右方.

(5) 径向力 F_{r1} 和 F_{r2} 分别由啮合点指向各自轮心如图 9-2 所示.

【例 9-3】 蜗杆传动比为什么不等于蜗轮分度圆直径 d_2 与蜗杆分度圆直径 d_1 的比值?

解析 本题考核点为蜗杆传动的原理.

在工作时，蜗杆螺旋线轴向移动速度 v_{a1} 等于蜗轮的圆周速度 v_2，即 $v_{a1}=v_2$.

因
$$v_{a1}=\frac{z_1 p_{a1} n_1}{60\times 1\,000}=\frac{z_1 \pi m n_1}{60\times 1\,000}=\frac{\pi d_1 n_1 \tan\lambda}{60\times 1\,000}$$

$$v_2=\frac{\pi d_2 z_2}{60\times 1\,000}，则\frac{\pi d_1 n_1 \tan\lambda}{60\times 1\,000}=\frac{\pi d_2 z_2}{60\times 1\,000}$$

故传动比 $i=\dfrac{n_1}{n_2}=\dfrac{d_2}{d_1\tan\lambda}\neq\dfrac{d_2}{d_1}$.

9.5 习　题

1. 选择题

(1) 对于传递动力的蜗杆传动，为了提高传动效率，在一定限速内可采用________传动.

A. 较大的蜗杆直径系数　　B. 较大的蜗杆分度圆导程角

C. 较小的模数　　D. 较少的蜗杆头数

(2) 蜗杆传动中，是以蜗杆的________参数、蜗轮的________参数为标准值.

A. 端面　　B. 轴向　　C. 法向

(3) 蜗杆传动的正确啮合条件中，应除去________.

A. $m_{a1}=m_{t2}$　　B. $\alpha_{a1}=\alpha_{t2}$

C. $\beta_1=\beta_2$　　D. $\gamma_1=\beta_2$，螺旋相同

(4) 设计蜗杆传动时，通常选择蜗杆材料为________，蜗轮材料为________，以减小摩擦力.

A. 钢　　B. 铸铁　　C. 青铜　　D. 非金属材料

(5) 为了限制蜗轮滚刀的数目，有利于滚刀标准化，规定________为标准值.

A. 蜗轮齿数　　B. 蜗轮分度圆直径　　C. 蜗杆头数　　D. 蜗杆分度圆

(6) 闭式蜗杆传动失效的主要形式是________.

A. 点蚀　　B. 胶合　　C. 轮齿折断　　D. 磨损

(7) 在标准蜗轮传动中，蜗杆头数一定，加大蜗杆特性系数 q，将使传动效率________.

A. 增加　　B. 减小　　C. 不变　　D. 增加或减小

(8) 为了提高蜗杆的刚度,应________.

A. 增大蜗杆的直径系数　　B. 采用高强度合金钢作蜗杆材料

C. 增加蜗杆硬度,减小表面粗糙度值

(9) 在蜗杆传动中,对于滑动速度 $v_s \geq 4$ m/s 的重要传动,应该采用________作为蜗轮齿圈的材料.

A. HT200　　B. 18CrMnTi 渗碳淬火

C. 45 钢调质　　D. ZCuSnl0Pbl

(10) 在蜗杆传动中,轮齿承载能力计算,主要是针对________来进行的.

A. 蜗杆齿面接触强度和蜗轮齿根弯曲强度

B. 蜗轮齿面接触强度和蜗杆齿根弯曲强度

C. 蜗杆齿面接触强度和蜗杆齿根弯曲强度

D. 蜗轮齿面接触强度和蜗轮齿根弯曲强度

(11) 对闭式蜗杆传动进行热平衡计算,其主要目的是________.

A. 防止润滑油受热后外溢,造成环境污染

B. 防止润滑油温度过高使润滑条件恶化

C. 防止蜗轮材料在高温下力学性能下降

D. 防止蜗轮蜗杆发生热变形后正确啮合受到破坏

(12) 起吊重物用的手动蜗杆传动,宜采用________蜗杆.

A. 单头、小导程角　　B. 单头、大导程角　　C. 多头、小导程角　　D. 多头、大导程角

2. 简答、计算题

(1) 有一阿基米德蜗杆传动,已知:传动比 $i=18$,蜗杆头数 $z_1=2$,直径系数 $q=10$,分度圆直径 $d_1=80$ mm. 试求:

① 模数 m,蜗杆分度圆柱导程角 γ,蜗轮齿数 z_2 及分度圆柱螺旋角 β.

② 蜗轮的分度圆直径 d_2 和蜗杆传动中心距 a.

(2) 如图 9-3 所示蜗轮-蜗杆传动(蜗杆主动),试标出未注明的蜗杆(或蜗轮)的螺旋线方向及转向,并在图 9-3 中绘制蜗杆、蜗轮啮合点处作用力的方向(用三个分力:圆周力 F_t,径向力 F_r,轴向力 F_a).

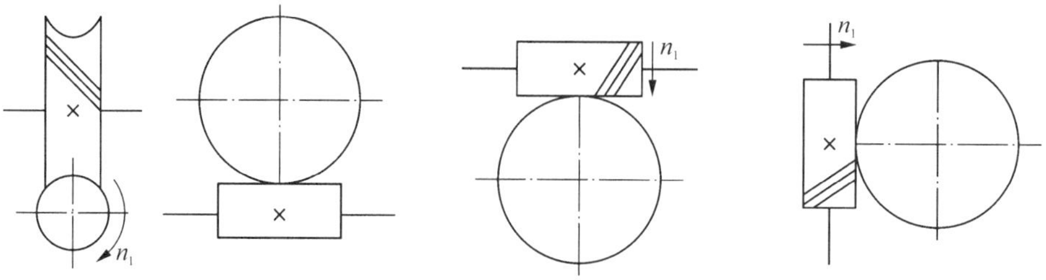

图 9-3　蜗轮-蜗杆传动(蜗杆主动)

(3) 如图 9-4 所示蜗杆传动(蜗杆主动),蜗杆 1 主动,其转向如图所示,螺旋线方向为右旋,试确定:

① 蜗轮 2 的螺旋线方向及转向 n_2;

② 蜗杆、蜗轮受到的各力(F_t, F_r, F_a)的方向.

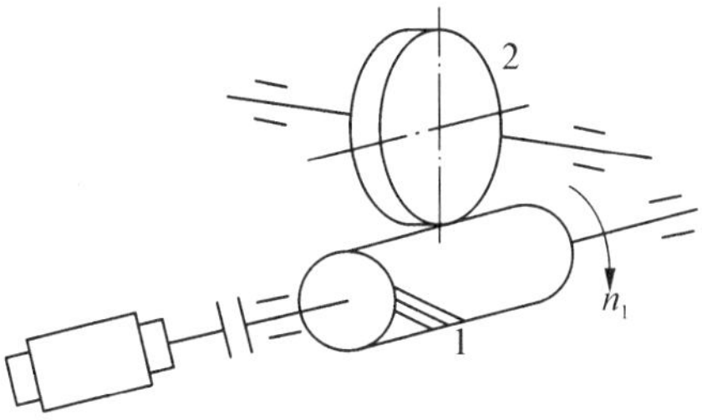

图 9-4　蜗杆传动(蜗杆主动)

(4) 如图 9-5 所示蜗杆传动(蜗杆左旋),蜗杆主动螺旋线方向为左旋,转矩 $T=25\,000$ N·mm. 模数 $m=4$ mm,压力角 $\alpha=20°$,蜗杆头数 $z_1=2$,蜗杆直径系数 $q=10$,蜗轮齿数 $z_2=54$,传动效率 $\eta=0.75$. 试确定:

① 蜗轮的转向及螺旋线方向;

② 作用在蜗杆、蜗轮上的各力的大小和方向.

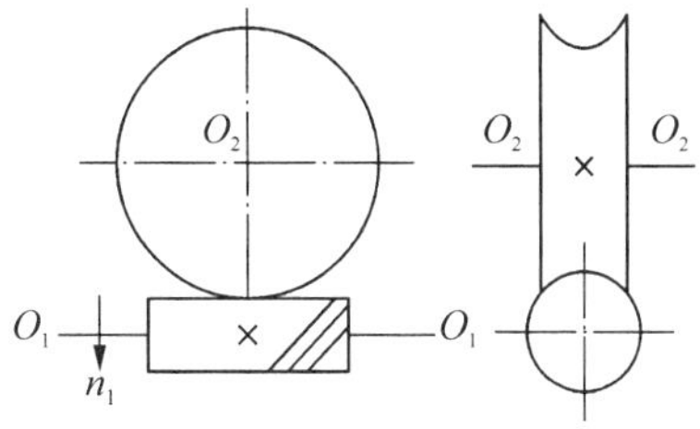

图 9-5　蜗杆传动(蜗杆左旋)

(5) 如图 9－6 所示为由斜齿圆柱齿轮与蜗杆传动组成的两级传动，小齿轮 1 由电动机驱动. 已知蜗轮螺旋线方向为右旋，转向 $n_{Ⅲ}$ 如图示. 要求：

① 确定Ⅰ、Ⅱ轴的转动方向(直接绘于图上).

② 若要使齿轮 2 与蜗杆 3 所受轴向力 F_{a2}，F_{a3} 互相抵消一部分，确定齿轮 1、2 和蜗杆 3 的螺旋线方向.

③ 蜗杆、蜗轮分度圆直径分别为 d_3，d_4，传递的扭矩为 T_3，T_4(N·mm)，压力角为 α，求蜗杆啮合点处所受各力 F_{t3}，F_{a3}，F_{r3} 的大小(用公式表示，忽略齿面间的摩擦力)；

④ 在图中用箭头画出Ⅱ轴上齿轮 2 与蜗杆 3 所受各力 F_t，F_r，F_a 的方向.

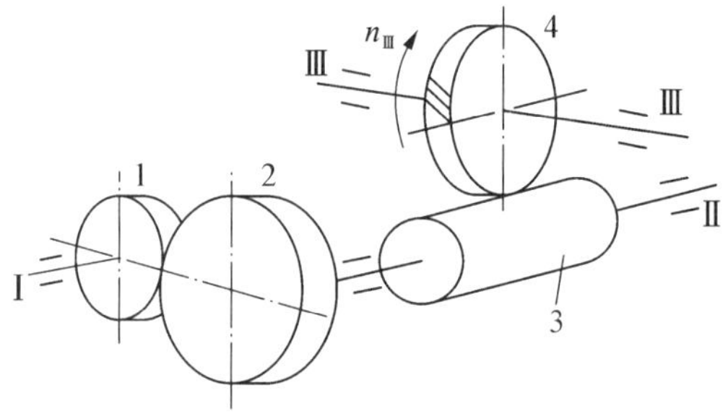

图 9－6　斜齿圆柱齿轮-蜗杆传动

(6) 如图 9－7 所示蜗杆-齿轮传动系统中，1 为蜗杆，2 为蜗轮，3 和 4 为斜齿圆柱齿轮，5 和 6 为直齿锥齿轮. 若蜗杆主动，要求输出齿轮 6 的回转方向如图所示. 试确定：

① 若要使Ⅰ、Ⅱ轴上所受轴向力互相抵消一部分，蜗杆、蜗轮、斜齿轮 3 和 4 的螺旋线方向及Ⅰ、Ⅱ、Ⅲ轴的回转方向(在图中表示).

② Ⅱ、Ⅲ轴上各轮啮合点处受力方向(F_t，F_r，F_a 在图中绘出).

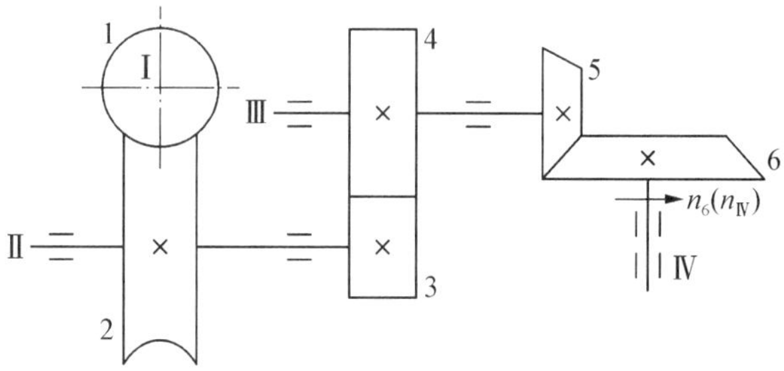

图 9－7　蜗杆-齿轮传动系统

第10章 轮 系

10.1 学习要求

（1）了解轮系的类型.

（2）掌握定轴轮系及其传动比的计算.

（3）掌握周转轮系及其传动比的计算.

（4）了解复合轮系及其传动比的计算.

（5）了解轮系的功用.

10.2 重点和难点

本章学习的重点是定轴轮系传动比的计算；周转轮系传动比的计算. 本章学习的难点是复合轮系传动比的计算.

10.3 学习指导

1. 轮系及其分类

根据轮系在运转时各齿轮的轴线相对于机架是否固定，可将轮系划分为以下三类.

（1）定轴轮系

当轮系运转时，其各轮的轴线相对于机架的位置固定不动的轮系称为定轴轮系. 定轴轮系又可分为以下两种.

① 平面定轴轮系. 是指各齿轮都是在一个平面内或在彼此平行的平面内运转的. 主要是由直齿圆柱齿轮和斜齿圆柱齿轮(平行轴安装)所组成的轮系.

② 空间定轴轮系. 是指各齿轮不都是在一个平面内或在彼此平行的平面内运转的. 主要是由蜗轮蜗杆、锥齿轮、斜齿圆柱齿轮(交错轴安装)参加所组成的轮系.

(2) 周转轮系

当轮系运转时,凡至少有一个齿轮的轴线是绕另一齿轮的轴线旋转的轮系称为周转轮系. 轴线不动的齿轮称为太阳轮(或称中心轮,用 K 表示),轴线转动的齿轮称为行星轮,支持行星轮的构件称为行星架(或称系杆,用 H 表示). 太阳轮和行星架的公共轴线称为周转轮系的主轴线. 凡是轴线与主轴线重合而又承受外力矩的构件称为基本构件.

周转轮系根据其基本构件的不同,又可分为:2K-H 型,3K 型,K-H-V 型(V 表示输出构件). 其中 2K-H 型和 K-H-V 型是最基本的周转轮系,不可再分.

周转轮系按其自由度数又可分为两种基本类型:差动轮系(具有两个自由度的轮系),要求轮系的基本构件中有两个作为输入;行星轮系(具有一个自由度的轮系),要求轮系的基本构件中有一个作为输入.

(3) 复合轮系

复合轮系是由基本周转轮系与定轴轮系或者几个基本周转轮系组合而成. 其中由定轴轮系和基本周转轮系组合而成的又称为混合轮系,而把由几个基本周转轮系组成的轮系又称为复合周转轮系.

2. 定轴轮系传动比的计算

(1) 传动比大小

$$\text{定轴轮系的传动比}=\frac{\text{所有从动轮齿数的连乘积}}{\text{所有主动轮齿数的连乘积}}$$

(2) 首、末轮转向关系的确定

根据齿轮圆周速度的方向运用画箭头的方法确定.

若首、末轮轴线平行,则其转向不是相同就是相反,相同时,传动比为正,反之为负;若首、末轮轴线不平行,则其转向在图示用箭头表示.

3. 周转轮系传动比的计算

周转轮系的传动比通过其转化轮系来求解.

(1) 转化轮系

根据相对运动原理,将周转轮系加上一个公共角速度 $-\omega_H$,由此可转化得到一个假想的定轴轮系,称为原周转轮系的转化轮系.

(2) 计算公式

设周转轮系中两个太阳轮分别为 m, n,行星架为 H,则其转化轮系的传动比为

$$i_{mn}^{H}=\frac{\omega_m^H}{\omega_n^H}=\frac{\omega_m-\omega_H}{\omega_n-\omega_H}=\pm\frac{\text{转化轮系中由 } m \text{ 至 } n \text{ 各从动轮齿数的乘积}}{\text{转化轮系中由 } m \text{ 至 } n \text{ 各主动轮齿数的乘积}}$$

其中,正负号由画箭头的方法来确定.

4. 复合轮系

复合轮系传动比的求解步骤:

(1) 正确划分周转轮系和定轴轮系;

(2) 分别计算各周转轮系和定轴轮系的传动比;

(3) 联立各部分传动比求解.

10.4 典型例题

【例 10-1】 如图 10-1 所示轮系中，已知双头右旋蜗杆的转速 $n_1=900\ \text{r/min}$，$z_2=60$，$z_{2'}=25$，$z_3=20$，$z_{3'}=25$，$z_4=20$. 求 n_4 的大小与方向.

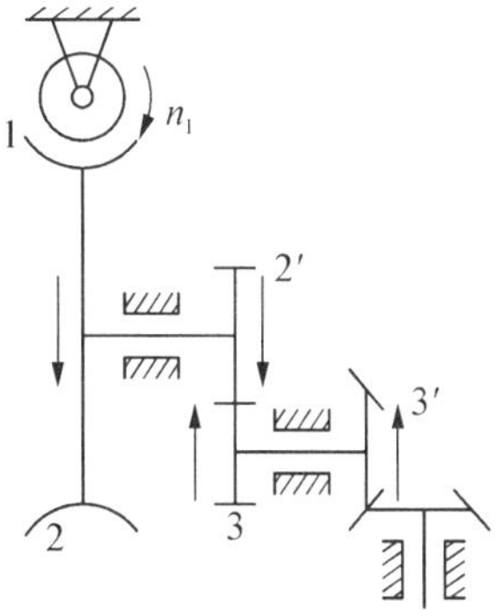

图 10-1 轮系

解
$$i_{14}=\frac{z_4z_3z_2}{z_1z_{2'}z_{3'}}=\frac{20\times20\times60}{2\times25\times25}=19.2$$

$$n_4=\frac{900}{19.2}=46.875\ \text{r/min}$$

方向如图 10-1 所示.

【例 10-2】 如图 10-2 所示轮系中，已知 $z_1=60$，$z_2=15$，$z_{2'}=20$，各轮模数均相同，求 z_3 及 i_{1H}.

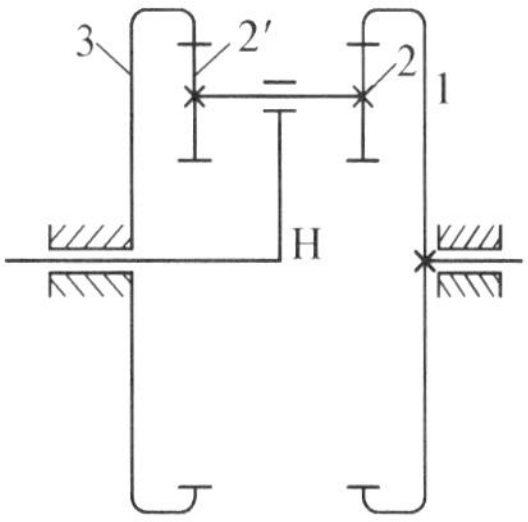

图 10-2 轮系

解
$$\frac{m}{2}(z_1-z_2)=\frac{m}{2}(z_3-z_{2'})$$

则
$$z_3=z_1+z_{2'}-z_2=60+20-15=65$$

$$i_{1H}=1-i_{13}^{H}=1-\frac{z_2z_3}{z_1z_{2'}}=1-\frac{15\times65}{60\times20}=1-\frac{13}{16}=\frac{3}{16}$$

齿轮 1 与行星架 H 的转向相同.

【例 10-3】 如图 10-3 所示轮系中，已知各轮齿数为 $z_1=100$，$z_2=z_{2'}=z_3=z_4=30$，$z_5=80$. 求传动比 i_{41}.

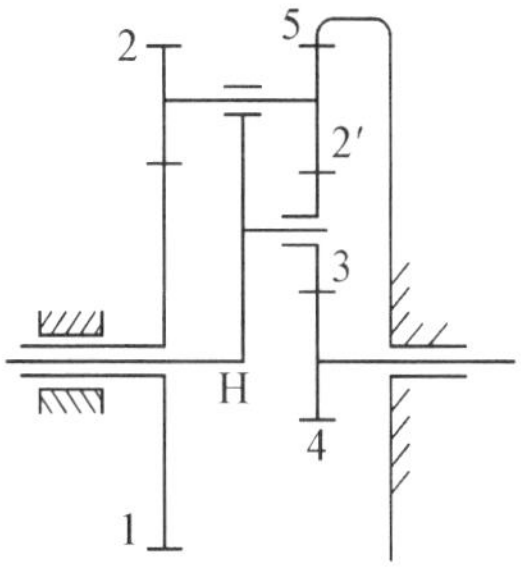

图 10-3 轮系

解 该轮系是一个周转轮系. 该轮系有 1 个行星架 H，3 个行星轮 2，2′，3，以及分别和 3 个行星轮相啮合的 3 个太阳轮 1，4，5. 为求解传动比 i_{41}，可以将该轮系划分为齿轮 1，2，2′，5 和行星架 H 所组成的行星轮系，得

$$i_{15}^{H}=\frac{\omega_1-\omega_H}{\omega_5-\omega_H}=-\frac{z_2z_5}{z_1z_{2'}}=-\frac{30\times80}{100\times30}=-\frac{4}{5}$$

则
$$\omega_5=0,\quad \frac{\omega_1}{\omega_H}=\frac{9}{5},\quad \omega_H=\frac{5}{9}\omega_1$$

以及由齿轮 2′，3，4，5 和行星架 H 所组成的行星轮系，得

$$i_{45}^{H}=\frac{\omega_4-\omega_H}{\omega_5-\omega_H}=\frac{z_5}{z_4}=\frac{80}{30}=\frac{8}{3}$$

$$\frac{\omega_4}{\omega_H}=1-\frac{8}{3}=-\frac{5}{3}$$

$$\omega_H=-\frac{3}{5}\omega_4$$

由以上各式得 $\frac{5}{9}\omega_1=-\frac{3}{5}\omega_4$，传动比 $i_{41}=-0.93$.

10.5 习　题

1. 填空题

(1) 在定轴轮系中，每一个齿轮的回转轴线都是________的.

(2) 惰轮对________并无影响，但却能改变从动轮的________.

(3) 周转轮系中，i_{AB}^{H} 表示的意思是________，i_{AB} 表示的意思是________.

2. 计算题

(1) 如图 10-4 所示轮系中，已知各标准圆柱齿轮的齿数为 $z_1=z_2=20$，$z_{3'}=26$，$z_4=30$，$z_{4'}=22$，$z_5=34$. 试计算齿轮 3 的齿数及传动比 i_{15}.

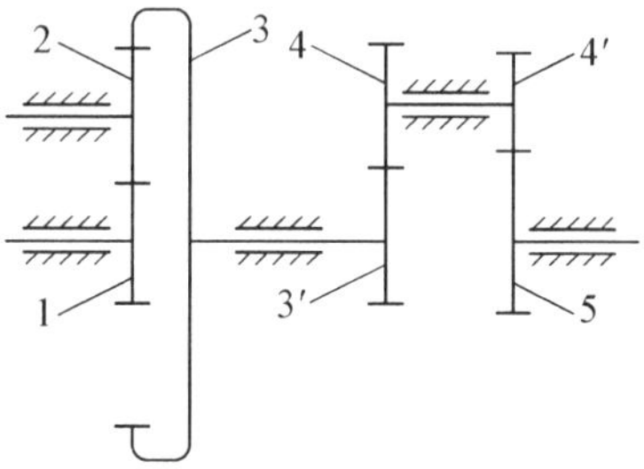

图 10-4　轮系

(2) 如图 10-5 所示轮系中，已知 $z_1=15$，$z_2=25$，$z_{2'}=15$，$z_3=30$，$z_{3'}=15$，$z_4=30$，$z_{4'}=2$(右旋)，$z_5=60$，$z_{5'}=20$($m=4$ mm). 若 $n_1=500$ r/min，求齿条 6 线速度的大小和方向.

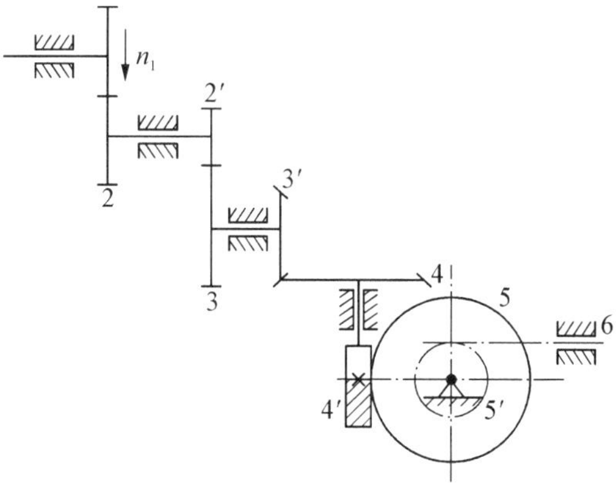

图 10-5　轮系

(3) 如图 10 - 6 所示轮系中,已知其各轮的齿数为 $z_1=100$, $z_2=101$, $z_{2'}=100$, $z_3=99$,求输入件 H 对输出件 1 的传动比 i_{H1}.

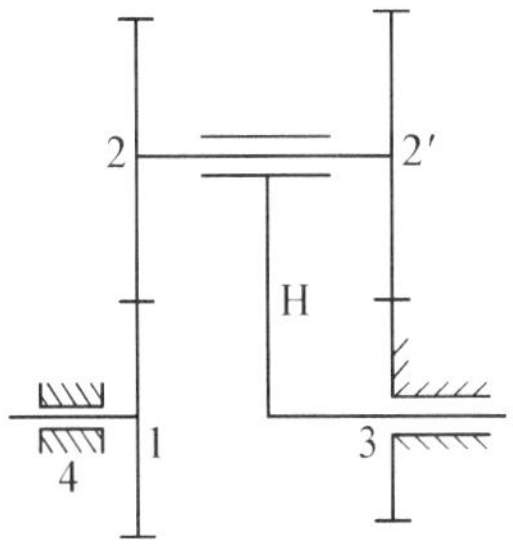

图 10 - 6 轮系

(4) 如图 10 - 7 所示轮系中,已知各轮的齿数为 $z_1=20$, $z_2=30$, $z_{2'}=50$, $z_3=80$, $n_1=50$ r/min. 求 n_H 的大小和方向.

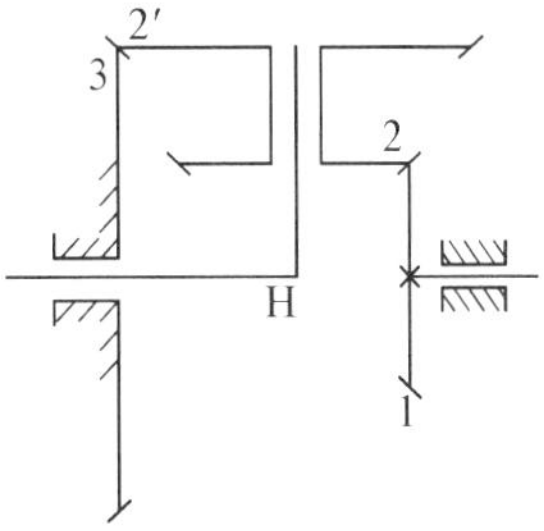

图 10 - 7 轮系

(5) 如图 10 - 8 所示轮系中,已知蜗杆 1 为单头右旋蜗杆,各齿轮的齿数为 $z_2=100$, $z_{2'}=z_4$, $z_6=z_8$, $z_{4'}=80$, $z_5=20$. 若 $n_1=1\,000$ r/min,求 n_6 的大小和方向.

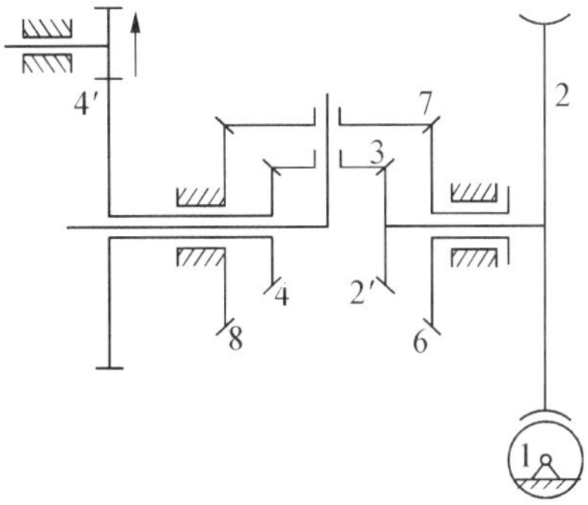

图 10 - 8 轮系

(6) 如图 10－9 所示轮系中，设已知各齿轮的齿数，试计算其传动比 i_{1A}.

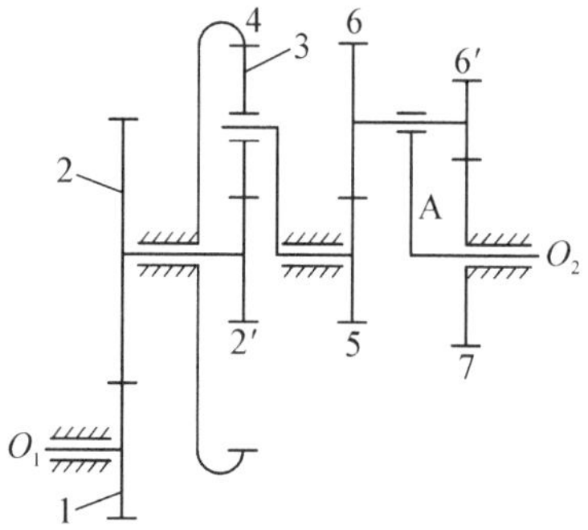

图 10－9 轮系

第11章 滑动轴承

11.1 学习要求

(1) 了解滑动轴承的摩擦状态.

(2) 掌握滑动轴承的常见结构形式.

(3) 了解滑动轴承常用材料的性能及使用场合.

(4) 掌握滑动轴承常用润滑剂的性能和选用原则,了解常用润滑装置的结构原理.

(5) 掌握非液体摩擦滑动轴承的校核计算方法,能按手册中的标准选择适当的轴承结构.

11.2 重点和难点

本章学习的重点是向心滑动轴承的结构;非液体摩擦的向心滑动轴承计算.本章学习的难点(略).

11.3 学习指导

1. 滑动轴承的分类

滑动轴承按相对运动表面的摩擦状态可分为非液体摩擦滑动轴承和液体摩擦滑动轴承.

2. 摩擦磨损现象

干摩擦的实质是一种理论状态,实际生产中的轴承表面暴露在空气中,不可避免地被氧化膜、水汽和油脂等覆盖.这些覆盖层虽然很薄,但很坚固,用一般的方法是不能清除的.因此,当两轴承表面相接触时,实际上是两个覆盖层相互接触,而非轴承表面本身,在载荷的作用下,两表面相互压紧,实际接触面只是部分凸峰所形成的微面积,相接触处的应力很高,当相互滑动时,相接触的凸峰产生塑性变形,表面覆盖层被破坏,从面发生局部粘着现象,这种局部粘着瞬时即被破坏,又瞬时即产生,这就形成摩擦磨损现象.

边界摩擦状态是指在轴承表面上吸附一层极薄的油膜,这种油膜能承受较高的压力而不破坏.但是,由于油膜很薄,不能把两个轴承表面完全分离开,当两表面上的凸峰与凸峰相遇时,会产生很高的压力,把油膜划破而形成局部直接接触.

液体摩擦状态是指两轴承表面间充满了一层润滑剂,无直接接触,因此,摩擦仅发生在液体内部,摩擦阻力很小,没有磨损,寿命长,是一种理想的摩擦状态.但是,这种摩擦状态需要满足一定的条件(如载荷、速度、润滑油黏度等)才能实现,所以大多数滑动轴承是非液体摩擦状态.

3. 径向滑动轴承的结构形式

(1) 整体式.这种结构简单,无法调整间隙,安装也不方便.

(2) 剖分式.这种结构克服了整体式结构的缺点,但结构较复杂.

(3) 自动调心式.这种结构可适应因轴颈弯曲等造成的偏斜.

4. 轴瓦

轴瓦是滑动轴承必不可少的重要组成零件,且是滑动轴承中与轴颈相配的零件,因此,轴瓦的结构、润滑和材料直接影响滑动轴承的性能.轴瓦的结构有整体式和剖分式两种.考虑对轴承的润滑,轴瓦上应开设油孔和油槽,且油孔和油槽的开设位置应保证不会影响到轴承的承载能力.

5. 轴承材料

轴承材料是指轴瓦及轴承衬的材料.对轴承材料的要求主要有减摩性和机械强度两方面.常用的材料有金属材料和非金属材料两大类.

6. 非液体润滑滑动轴承的设计计算准则

非液体润滑滑动轴承的主要失效形式(磨损和胶合)确定了它的设计计算准则是维持边界膜不破裂,由于边界膜破裂的因素很复杂,因此,仍采用简化的条件性计算,主要包括:限制磨损的平均压强 p 的计算,限制温升过高的 pv 的计算,限制滑动速度 v 的计算.

11.4 典型例题

【例 11-1】 已知一起重机卷筒的滑动轴承所承受的径向载荷 $F=10^5$ N,轴颈直径 $d=80$ mm,转速 $n=10$ r/min,试按照非液体摩擦状态设计此轴承.

解 (1) 选择轴承类型和材料.

因为轴承承受径向载荷,故选用剖分式径向滑动轴承.此轴承的载荷大、速度低,根据教材表 11-1 选取轴瓦材料为 ZCuAl10Fe3,需用平均压强 $[p]=15$ MPa, $[pv]=12$ MPa·m/s.

(2) 选取轴承的宽径比 $\dfrac{B}{d}=1.1$,则轴承宽度 $B=88$ mm.

(3) 校核轴承的工作能力.

① 计算轴承的平均压强 p 为

$$p=\frac{F}{Bd}=\frac{10^5}{80\times 80}=14.21\ \text{MPa}$$

② 计算轴承的 pv 值为

$$pv=p\,\frac{\pi nd}{60\times 1\,000}=14.21\times\frac{\pi\times 10\times 80}{60\times 1\,000}=0.06\ \text{MPa}\cdot\text{m/s}$$

$$p < [p], \quad pv < [pv]$$

(4) 计算轴承与轴颈之间的间隙,选择其配合.

轴承与轴颈之间的平均间隙为

$$\Delta = 1.5 \times (0.001d + 0.025) = 1.5 \times (0.001 \times 80 + 0.025) = 0.158 \text{ mm}$$

查《滑动轴承配合及其极限间隙》表,选择轴承配合为 $\frac{H9}{e9}$,该配合的最大间隙 $\Delta_{max} = 0.256$ mm,最小间隙 $\Delta_{min} = 0.072$ mm,配合的实际平均间隙 $\Delta = \frac{\Delta_{max} + \Delta_{min}}{2} = \frac{0.246 + 0.072}{2} = 0.159$ mm.

实际平均间隙与计算平均间隙很接近,说明所选配合可用.

11.5 习题

1. 选择题

(1) 在非液体润滑径向轴承的设计中,限制 pv 值的主要目的是防止轴承的(　　).

A. 过度磨损　　B. 塑性变形　　C. 疲劳破坏　　D. 温升过高

(2) 高速、轻载滑动轴承,应选用(　　).

A. 钙基润滑脂　　B. 高黏度润滑油

C. 低黏度润滑油　　D. 钠基润滑脂

(3) 滑动轴承中,为把润滑油导入整个摩擦面,应该在轴瓦的(　　)开设油槽.

A. 承载区　　B. 非承载区

C. 轴颈与轴瓦的最小间隙处　　D. 端部

(4) 轴承衬的材料一般选择(　　).

A. 合金钢　　B. 铸铁　　C. 巴氏合金　　D. 非金属材料

(5) 既可单独作成轴瓦,也可作成轴承衬的材料是(　　).

A. 轴承合金　　B. 青铜合金　　C. 铸铁　　D. 粉末冶金

2. 填空题

(1) 为了控制非液体润滑径向滑动轴承的温升,应验算________值.

(2) 滑动轴承中所选用润滑油,其黏度越大,则其承载能力越________.

(3) 影响润滑黏度的主要因素有________和________.

(4) 滑动轴承的轴瓦多采用青铜材料,只要是为了提高________能力.

(5) 滑动轴承的润滑作用是减少________,提高________.

3. 为什么滑动轴承要分轴承座和轴瓦,有时又在轴瓦上敷上一层轴承衬?轴承衬通常用什么材料制作?

4. 设计一个非液体润滑滑动轴承，已知径向外载荷为 6.0 kN，轴颈转速 $n=1\ 000$ r/min，工作温度最高为 130°，轴颈允许的最小直径为 65 mm.

第12章 滚动轴承

12.1 学习要求

(1) 熟悉滚动轴承的类型、特点及应用场合，能正确选择滚动轴承的类型.

(2) 掌握滚动轴承的代号的含义，能根据给定的轴承代号说出其主要特征尺寸和主要性能.

(3) 掌握滚动轴承的寿命计算方法.

(4) 了解常用滚动轴承的润滑与密封方法.

(5) 掌握滚动轴承组合设计，能根据外载荷和结构等要求，初步进行滚动轴承的组合设计，能够从轴向定位、间隙调整、拆装、润滑和密封等方面分析已有的轴承组合.

12.2 重点和难点

本章学习的重点是滚动轴承类型的选择；滚动轴承的寿命计算；滚动轴承的组合设计.本章学习的难点是角接触滚动轴承和圆锥滚子轴承的轴向载荷计算；滚动轴承的组合设计.

12.3 学习指导

1. 滚动轴承的类型、特点及选择

滚动轴承的类型很多，要求掌握常用类型的轴承特点和代号. 类型选择考虑的因素主要有：滚动轴承的工作载荷(包括大小、方向、性质)、转速、调心性能及滚动轴承的安装和拆卸.

(1) 滚动轴承的载荷. 按载荷大小选：轻载或中等载荷，优先选用球轴承，当载荷较大时，可选用滚子轴承. 按载荷方向选：纯轴向载荷，选用推力轴承；纯径向载荷，选用向心轴承；径向载荷和轴向载荷，选用角接触轴承；当轴向载荷较小时，也可选用深沟球轴承. 按载荷性质选：冲击载荷，宜选用滚子轴承.

（2）滚动轴承的转速.球轴承与滚子轴承相比，有较高的极限转速，故在高速时优先选用球轴承.推力轴承的极限转速很低.当工作转速高时，若轴向载荷不很大，可以用角接触球轴承承受纯轴向载荷.

（3）滚动轴承的调心性能.若转轴在载荷作用下弯曲较大或轴承座不能保证良好的同轴度或平行度，则宜选用具有调心功能的轴承.圆柱滚子轴承和滚针轴承对轴承的偏斜最为敏感，在轴的刚度和轴承座孔支承刚度较低时，应避免采用.

（4）滚动轴承的安装和拆卸.在轴承座没有剖分面而必须沿轴向安装和拆卸时，应优先选用内外圈可分离的轴承.根据安装和拆卸的特殊要求，也可以选用一些特殊结构的轴承.

2. 滚动轴承的尺寸选择

（1）滚动轴承的主要失效形式和计算准则

正常工作条件下，滚动轴承由于承受接触变应力而发生疲劳点蚀失效；当轴承承受过大的静载或冲击载荷时，会发生塑性变形失效.正常工作条件下的大多数滚动轴承，应根据接触疲劳强度，按动载荷计算；对于低速或缓慢摆动的轴承，应防止塑性变形失效，按静载荷计算.

在通常使用寿命下，滚动轴承承载能力的计算准则：对转速 $n \geqslant 10$ r/min 的轴承需进行寿命计算，若有过载或冲击、振动载荷，还需要进行静强度计算；对转速 $n < 10$ r/min的轴承，可只进行静强度计算.

（2）基本额定寿命

轴承的寿命是指轴承的套圈或滚动体的疲劳寿命.一批相同轴承的疲劳寿命总是离散的，并服从一定的统计规律.因此，轴承的寿命必然与疲劳失效的概率或可靠度有关.可靠度为 90%时的轴承寿命称为基本额定寿命，用 L_{10} 表示.滚动轴承的寿命曲线表示了一组在相同条件下运转的轴承的寿命分布(作用在轴承上的载荷恰好等于基本额定动载荷 C).从分布曲线可以看出，轴承最长的实际寿命可超过最短寿命的 20 倍，有 50%的轴承实际寿命可达基本额定寿命的 5 倍以上.

（3）基本额定动载荷

轴承的基本额定动载荷 P 是反映滚动轴承承载能力的一项重要性能参数，其定义：在该载荷作用下，轴承的基本额定寿命为 10^6 转.对于一个具体的滚动轴承，基本额定动载荷是其固有的一个确定值，该值是由实验并经过理论分析得到的.滚动轴承的基本额定动载荷的值可由滚动轴承手册查得.

（4）滚动轴承的寿命计算

滚动轴承的寿命计算主要包括两类问题：①根据轴承所受的载荷和所需的预期寿命确定滚动轴承所需用的额定动载荷，由此从轴承手册中选择轴承；②根据滚动轴承的额定动载荷和所承受的载荷确定滚动轴承可能的正常工作时间.前者可称为设计计算，而后者可视为校核计算.

寿命计算公式为

$$L_{10} = \left(\frac{f_t C}{P}\right)^{\varepsilon}$$

$$L_h = \frac{10^6}{60n}\left(\frac{f_t C}{P}\right)^{\varepsilon}$$

滚动轴承的寿命计算应注意以下两点.

① 确定当量动载荷 P 的关键是确定滚动轴承所受的径向载荷 F_r 和轴向载荷 F_a. 滚动轴承上所受的径向载荷 F_r 就是该轴承的支反力；而轴向载荷 F_a 的确定则与外部轴向力 F_{ae} 的大小、方向，轴承的类型及其组合结构有关. 对于向心类角接触轴承，由于接触角 $\alpha \neq 0°$，轴承工作时会因承受径向载荷 F_r 而产生派生轴向力 F_d，其方向由外圈的宽边指向窄边，大小可由近似公式获得.

计算角接触轴承的轴向载荷是本章学习的一个难点，可用"压紧端"判别法进行确定：

a. 确定滚动轴承上所有轴向力(包括外部轴向力 F_{ae} 和派生轴向力 F_d)的大小和方向；

b. 根据受力情况和轴承组合方式确定哪一个轴承被"压紧"，哪一个轴承被"放松"；

c. 被"压紧"的轴承所受的轴向载荷为除本身派生轴向力以外的所有轴向力的矢量和，被"放松"轴承所受的轴向载荷就是本身的内部派生轴向力.

② 明确滚动轴承的基本额定寿命、基本额定动载荷和可靠度的关系. 试验结果表明：即使对于同样材料、同样尺寸、同一批生产出来的滚动轴承，它们的疲劳寿命也是离散的. 也就是说，在相同的条件下运转的滚动轴承的寿命是极不相同的. 由于这一事实的存在，在计算轴承寿命时总是需要将它与一定的可靠性相联系.

3. 滚动轴承的组合设计

滚动轴承的组合设计主要包括滚动轴承的支承形式、滚动轴承的固定和锁紧、滚动轴承的装拆和调整、滚动轴承的配合、滚动轴承的润滑和密封. 其他如轴承的预紧、支承部分的刚度与同轴度等问题可做一般了解.

(1) 轴承的支承形式

常用的轴承支承形式有以下三种.

① 两端单向固定：用于工作温度不高的短轴.

② 一端固定，一端游动：用于跨距较大且工作温度较高的轴.

③ 两端游动支承：由于人字齿轮轴重，为防止轴向卡死或出现人字齿两侧受力不均匀现象，须将小齿轮轴做成游动，采用两端游动支承.

(2) 滚动轴承的固定和锁紧

① 内圈轴向紧固常用方法及场合

a. 将轴用弹性挡圈嵌在轴的沟槽内，主要用于轴向力不大及转速不高的场合.

b. 将螺钉固定的轴端挡圈紧固，可用于在高转速下承受大的轴向力.

c. 将圆螺母和止动垫圈紧固，主要用于轴承转速高、承受较大的轴向力的情况.

d. 将紧定衬套、止动垫圈和圆螺母紧固，用于光轴上的、轴向力和转速都不大的、内圈为圆锥孔的轴承.

② 外圈轴向紧固的常用方法

a. 将嵌入外壳沟槽内的孔用弹性挡圈紧固，用于轴向力不大且需减小轴承装置的尺寸时.

b. 将轴用弹性挡圈嵌入轴承外圈的止动槽内紧固，用于带有止动槽的深沟球轴承，当外壳不便设凸肩或外壳为剖分式结构时.

c. 将轴承盖紧固，用于高转速及很大轴向力时.

d. 将螺纹环紧固，用于轴承转速高、轴向载荷大的情况.

(3) 滚动轴承的装拆和调整

① 轴承游隙的调整方法：调整垫片、调整螺钉等.

② 轴上零件位置的调整：锥齿轮和蜗杆的轴向位置可通过增减垫片厚度进行调整.

（4）滚动轴承的配合

轴承内孔与轴的配合采用基孔制，轴承外径与座孔的配合采用基轴制. 选择轴承配合应考虑以下因素.

① 载荷的大小、方向和性质. 承载大时选较紧配合；承受旋转载荷时选较紧配合；承受局部载荷时选较松配合.

② 经常拆装的要选松配合，以便拆装.

③ 游动支承的轴承的外圈选松配合，但过松会不利于提高轴承的旋转精度和减小振动.

④ 转速较高、振动强烈的，选紧配合.

⑤ 考虑轴承装置各部分的温差和其热传导方向，以防止支承丧失游动性.

（5）滚动轴承的润滑和密封

① 润滑

a. 润滑的目的是降低摩擦阻力、散热、减小接触应力、吸振、防止锈蚀等.

b. 常用的润滑方式

i. 脂润滑. 适用于较低的 dn 值，滚动轴承的装脂量一般以轴承内部空间容积的$\frac{1}{3}\sim\frac{2}{3}$为宜.

ii. 油润滑. 在高温高速的条件下，通常采用油润滑. 滚动轴承常用的油润滑方法有油浴润滑、滴油润滑、飞溅润滑、喷油润滑、油雾润滑等. 其中，飞溅润滑是一般闭式齿轮传动装置中的轴承常用的润滑方法.

② 密封

a. 密封的目的是防止润滑剂从轴承中流失，防止灰尘、水分、酸气等外界杂质进入轴承.

b. 常用的密封方式

i. 接触式密封. 包括毡圈密封、唇形密封圈密封和密封环密封. 其中，毡圈密封主要用于脂润滑的场合；唇形密封圈封唇的方向要朝密封的部位.

ii. 非接触式密封. 包括隙缝密封、甩油密封和曲路密封.

12.4 典型例题

【例 12－1】 某深沟球轴承所受的当量动载荷 $P=7\,800$ N，其额定动载荷 $C=81\,000$ N，当该轴承以转速 $n=1\,250$ r/min 工作时，其预期寿命 $L_h'=6\,000$ h，分析该轴承能否满足要求.（取 $f_t=1.0$，$f_P=1.2$）

解 按轴承所受载荷可求得轴承的寿命为

$$L_{10}=\frac{10^6}{60n}\left(\frac{f_tC}{f_pP}\right)^{\varepsilon}=\frac{10^6}{60\times1\,250}\times\left(\frac{1\times81\,000}{1.2\times7\,800}\right)^3=8\,640.9\ \text{h}$$

因为 $L_{10}>L_h'$，所以，该轴承能满足设计要求.

【例 12－2】 带式输送机的鼓轮由两个深沟球轴承支承在轴上，鼓轮直径 $D=300$ mm，轮轴上受径向载荷 $F_r=1\,500$ N，输送带速度 $v=8$ m/s，若轴承预期寿命 $L_h'=9\,600$ h，试选择

此轴承型号.

解 取载荷系数 $f_P=1.2$，则轴承所受的当量载荷为

$$P=\frac{1}{2}f_PF_r=0.5\times1.2\times1\,500=900\ \text{N}$$

由输送带的速度 $v=\dfrac{\pi Dn}{60\times1\,000}=8\ \text{m/s}$ 可得

$$n=\frac{60\times1\,000}{\pi D}=\frac{60\times1\,000\times8}{\pi\times300}=509.3\ \text{r/min}$$

对于球轴承 $\varepsilon=3$，所需额定动载荷为

$$C'=P\sqrt[\varepsilon]{\frac{60nL_h'}{10^6}}=900\sqrt[3]{\frac{60\times509.3\times9\,600}{10^6}}=5\,980\ \text{N}$$

根据轴颈 $d=300$ mm，查机械设计手册，选择轴承为 6006，其基本额定动载荷 $C=13.2$ kN，因为 $C>C'$，故所选轴承满足要求.

【例 12-3】 如图 12-1 所示，轴的两端正装两个角接触球轴承，已知轴上的力 $F_{re}=2\,300$ N，$F_{ae}=600$ N. 轴的转速 $n=500$ r/min，试计算轴承寿命.（$C=22\,500$ N，$e=0.68$，$F_d=0.68F_r$，$X=0.41$，$Y=0.87$，$f_T=1.0$，$f_P=1.5$，参数的含义与教材相同）

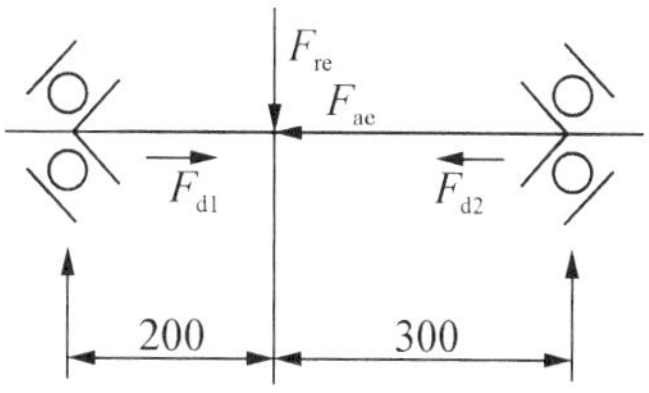

图 12-1 角接触球轴正装

解 设左轴承为 1，右轴承为 2.

（1）轴承的径向载荷

$$F_{r1}=\frac{300}{500}F_{re}=\frac{3}{5}\times2\,300=1\,380\ \text{N}$$

$$F_{r2}=\frac{200}{500}F_{re}=\frac{2}{5}\times2\,300=920\ \text{N}$$

（2）轴承的派生轴向力和轴承的轴向载荷

$$F_{d1}=0.68F_{r1}=0.68\times1\,380=938.4\ \text{N}$$

$$F_{d2}=0.68F_{r2}=0.68\times920=625.6\ \text{N}$$

因为 $F_{d2}+F_{ae}=625.6+600=1\,225.6\ \text{N}>F_{d1}=938.4\ \text{N}$，故轴承 1 被“压紧”；轴承 2 被“放松”，所以

$$F_{a1}=F_{d2}+F_{ae}=1\,225.6\ \text{N}$$

$$F_{a2}=F_{d2}=625.6\ \text{N}$$

（3）轴承的当量动载荷

$$\frac{F_{a1}}{F_{r1}}=\frac{1\,225.6}{1\,380}=0.888>e=0.68,\quad X=0.41,\quad Y=0.87$$

$$\frac{F_{a2}}{F_{r2}}=\frac{625.6}{920}=0.68=e,\quad X=1,\quad Y=0$$

$$P_1 = f_P(XF_{r1} + YF_{a1}) = 1.5 \times (0.41 \times 1\,380 + 0.87 \times 1\,225.6) = 2\,448.1\ \text{N}$$

$$P_2 = f_P(XF_{r2} + YF_{a2}) = 1.5 \times 920 = 1\,380\ \text{N}$$

(4) 轴承的寿命

$$L_{h1} = \frac{10^6}{60n}\left(\frac{f_t C}{P_1}\right) = \frac{10^6}{60 \times 500} \times \left(\frac{22\,500}{2\,448.1}\right)^3\ \text{h} = 25\,879\ \text{h}$$

12.5 习　题

1. 思考题

(1) 试述滚动轴承的主要类型及其特点.

(2) 与滑动轴承比较,滚动轴承有哪些优缺点?在哪些场合,滚动轴承难以替代滑动轴承?

(3) 滚动轴承有哪些失效形式?计算准则是什么?

(4) 试述滚动轴承的基本额定寿命、基本额定动载荷、当量动载荷、基本额定静载荷、当量静载荷的含义.

2. 填空题

(1) 滚动轴承一般由________、________、________和________组成,常见的滚动体形状有________、________、________和________.

(2) 轴承的________平面与________和外圈滚道接触点的________线之间的夹角称为接触角,接触角越大,轴承承受轴向载荷的能力________.

(3) 滚动轴承在一定载荷和润滑条件下允许的最高转速称为________转速.滚动轴承转速过高会使摩擦面间产生高________、润滑________,导致滚动体________或________损坏.

(4) 深沟球轴承主要承受________载荷,也能承受一定的________载荷.当转速很高时,它可以代替________轴承.

(5) 滚动轴承的主要失效形式是________________和________________.

(6) 滚动轴承的基本额定寿命是指一批同型号的轴承,在相同的条件下运转,其中________的轴承已发生疲劳点蚀,而________的轴承尚未发生疲劳点蚀时所能达到的总转数,用 L_{10} 表示,单位为________.

(7) 一批同型号的滚动轴承,其________寿命为________时所能承受的最大载荷称为轴承的基本额定动载荷,其值常用 C 表示,不同型号的轴承,基本额定动载荷________.

(8) 滚动轴承外圈与轴承座的配合应为________制;滚动轴承内圈与轴的配合应为________制.

(9) 滚动轴承装拆时不允许通过________来传递装拆压力,为便于拆卸滚动轴承应具有足够的拆卸________和________.

(10) 滚动轴承轴伸处的密封装置有________和________两大类.接触式密封要限制密封处的________,非接触式密封运用于较________转速.

3. 选择题

(1) 转速一定的角接触球轴承，其当量动载荷由 $2P$ 减小为 P 时，其寿命由 L_{10}________.

A. 下降为 $0.2L_{10}$　　B. 上升为 $2L_{10}$

C. 上升为 $8L_{10}$　　D. 不变

(2) 对于载荷不大、多支点的支承，宜选用________.

A. 深沟球轴承　　B. 调心滚子轴承

C. 角接触球轴承　　D. 圆锥滚子轴承

(3) ________型轴承主要承受轴向载荷.

A. 51205　　B. 7205　　C. 6205　　D. 31205

(4) 31205 型轴承的寿命指数 ε 为________.

A. 3　　B. $\frac{10}{3}$　　C. $\frac{3}{10}$　　D. $\frac{1}{3}$

(5) 采用轴端面作支承面的普通推力轴承，一般将轴颈端面挖空，其目的是________.

A. 使压强分布均匀　　B. 使滑动速度匀速

C. 提高轴刚度　　D. 提高轴强度

(6) 以下滚动轴承的密封方式中，________密封方式为接触式密封.

A. 毛毡圈密封　　B. 间隙密封　　C. 迷宫式密封　　D. 隙缝密封

4. 试说明下列轴承代号的含义.

N307/P4　6207　30207　51301

5. 某深沟球轴承需在径向载荷 $F_r = 7\,150$ N作用下，以 $n = 1\,800$ r/min的转速工作 3 800 h. 试求此轴承应有的基本额定动载荷 C.

6. 一农用水泵，决定选用深沟球轴承，轴颈直径 $d=35$ mm，转速 $n=2\ 900$ r/min，已知径向载荷 $F_{re}=1\ 810$ N，轴向载荷 $F_{ae}=740$ N，预期计算寿命 $L'_h=6\ 000$ h，试选择轴承型号.

7. 根据工作条件，决定在轴的两端选用 $\alpha = 25^\circ$ 的两个角接触球轴承，如图 12-2 所示正装. 轴颈直径 $d = 35$ mm，工作中有中等冲击，转速 $n = 1\ 800$ r/min，已知两轴承的径向载荷分别为 $F_{r1} = 3\ 390$ N，$F_{r2} = 1\ 040$ N，外加轴向载荷 $F_{ae} = 870$ N，作用方向指向轴承 1，试确定其工作寿命.

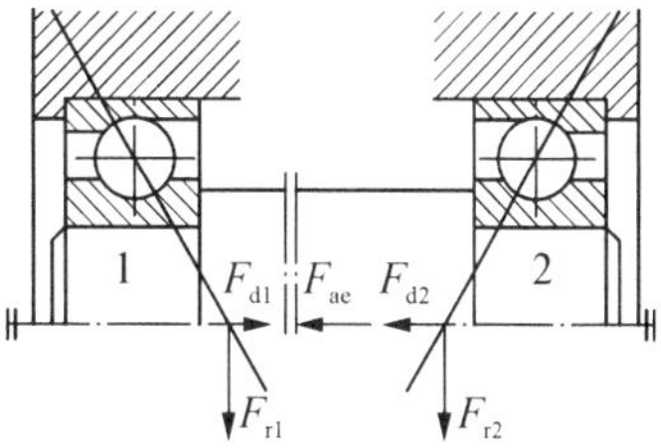

图 12-2　角接触球轴承正装

8. 如图 12－3 所示，安装有两个斜齿圆柱齿轮的转轴用一对代号为 7210AC 的轴承支承. 已知两个齿轮上的轴向分力分别为 $F_{A1}=3\,000$ N，$F_{A2}=5\,000$ N. 轴承所受径向载荷分别为 $F_{r1}=8\,600$ N，$F_{r2}=12\,500$ N. 求两轴承的轴向力 F_{a1}，F_{a2}.

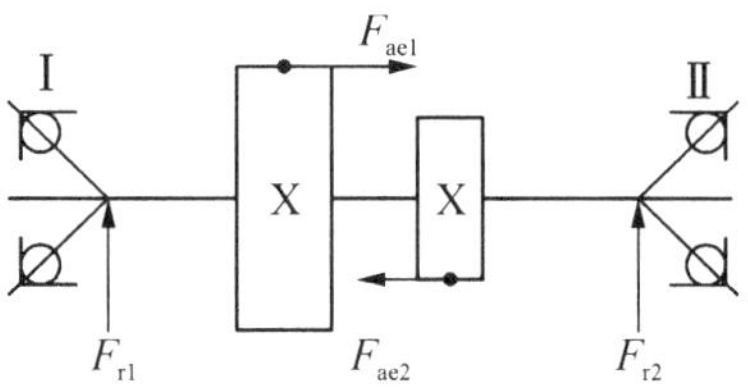

图 12－3　7210AC 支承

9. 如图 12－4 所示为采用一对反装圆锥滚子轴承的小锥齿轮轴承组合结构. 指出结构中的错误,加以改正并绘制轴向力的传递路线.

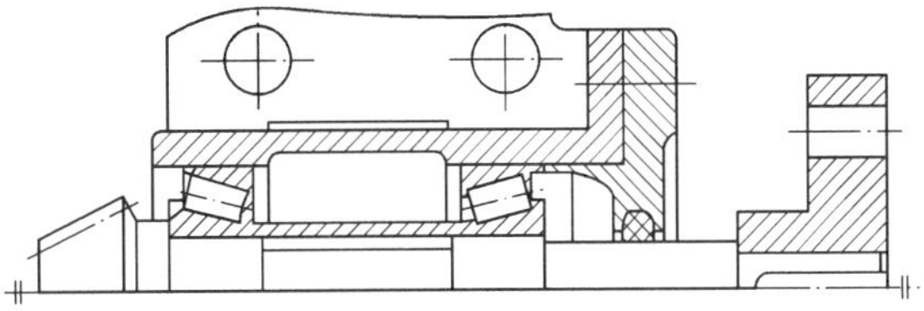

图 12－4　小锥齿轮轴承组合结构

第13章 轴

13.1 学习要求

(1) 了解轴的各种不同分类方法及其类型,掌握心轴、传动轴和转轴的区别以及在设计计算中的注意事项.

(2) 了解对轴的材料要求及常用材料,能根据轴的重要程度和尺寸、形状要求合理地选择轴的材料.

(3) 掌握轴的结构设计基本方法.

(4) 熟练掌握轴的强度计算方法.

(5) 了解轴刚度计算的实质和一般方法.

(6) 了解轴振动计算的实质和一般方法,掌握提高轴刚度的措施以及避免共振的措施.

13.2 重点和难点

本章学习的重点是转轴的结构设计和强度计算.本章学习的难点是轴结构的正确设计.

13.3 学习指导

1. 轴的结构设计

(1) 轴的结构设计应满足的要求

在设计过程中,首先要根据轴的工作状况,拟定轴和轴上零件的装配方案;然后确定轴的各轴段直径和长度.轴的直径的确定方法是先根据转矩进行估算,求出最小轴径,然后逐段放大得到各轴段的直径;各轴段的长度须根据轴上零件的尺寸及安装要求进行确定.轴的结构设计应满足以下要求:

① 轴和轴上的零件要有可靠的周向及轴向定位.

② 轴上的零件应便于装配和调整.

③ 轴的结构工艺性要良好.

④ 轴的受力要合理,应力集中程度小.

(2) 轴的结构设计应注意的事项

① 轴段的尺寸确定. 轴颈和轴头的直径应按规范取圆整尺寸,其他轴段的配合直径应符合标准直径. 与滚动轴承、联轴器、油封等标准件配合的轴径必须按标准件的内径选取,如图 13-1 所示轴的①、②、③、⑦段.

装配用的台阶如图 13-1 所示轴的②—③段,③—④段,这种台阶高度很小在直径方向上只差 1～3 mm 即可.

与轴上零件相配合的轴段长度 L,要比轴上零件的宽度尺寸 B 短 2～3 mm,如图 13-1 所示,以保证轴上零件的可靠定位.

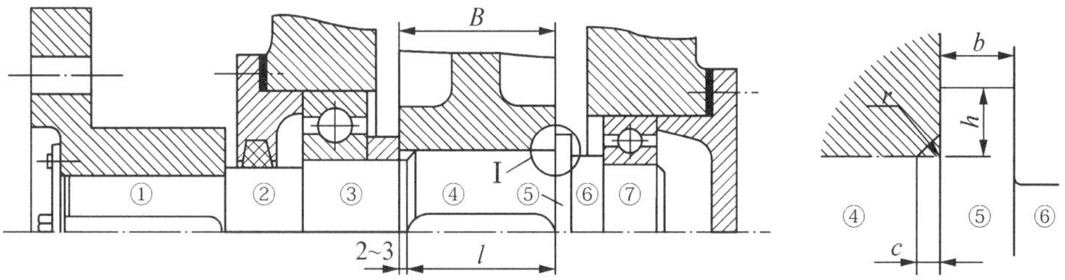

图 13-1　轴的结构

轴的过渡圆角半径 r 比相配合的零件的倒角 C 或圆角半径 R 要小,这样零件端面才能紧贴轴的台肩,起到定位作用.

② 轴上的零件都应有准确可靠的周向固定和轴向固定.

周向固定主要有键、花键、销等. 周向固定的目的是传递转矩.

轴向固定主要有轴肩、轴环和挡环. 轴肩、轴环固定可靠,但轴的毛坯尺寸大. 挡环可靠性差,但可以减小轴的毛坯尺寸. 轴端固定主要有轴端挡圈、圆螺母等. 使用轴端挡圈的轴端较短,因而螺母可承受较大的轴向力.

③ 轴上的零件应便于装配,一般把轴设计为阶梯轴,以利于轴上零件的装配和定位,如图 13-1 所示.

④ 考虑轴的加工工艺性要求,如图 13-1 所示,两个键槽应布置在同一个轴线上,可能时取两键槽宽度相等. 同一根轴上的圆角半径、倒角尺寸、中心孔尺寸应尽量一致.

2. 轴的强度计算

进行轴强度计算时,应根据轴的具体受载及应力情况,采取相应的计算方法. 对于仅仅用于传递转矩的轴,应按抗扭强度条件计算;对于只承受弯矩的轴,应按抗弯强度计算;对于既传递转矩又承受弯矩的轴,应按弯扭合成应力校核轴的强度. 需要时还应按疲劳强度条件进行精确校核. 一般的轴可以按弯扭合成强度计算,不进行安全系数校核. 安全系数法比较科学和严密,用安全系数法校核的轴,一般就不再用弯曲应力法计算.

3. 轴的刚度计算

轴的刚度计算实质上是限制轴的弯曲变形和扭转变形,使之在一定的允许范围内,以避免影响轴上零件的正常工作. 因此,对刚度要求严格的轴(如机床的主轴、重要的齿轮轴),在强度计算完成后,还要进行刚度计算,使其满足使用要求.

轴的刚度分为弯曲刚度和扭转刚度两种.前者以挠度或偏转角来衡量,后者以扭转角来度量.轴的刚度校核计算通常是计算出轴在受载时的变形量,并控制其不大于允许值.

13.4 典型例题

【例 13-1】 有一传动轴,由电动机带动,已知传递的功率 $P=10\ \mathrm{kW}$,转速 $n=120\ \mathrm{r/min}$. 试估算轴的直径.

分析 轴的强度计算.

解 (1)选择轴的材料:选用 45 钢、正火,由机械设计手册查得当毛坯直径小于 100 mm 时,$\sigma_B=600\ \mathrm{MPa}$, $[\tau]=35\ \mathrm{MPa}$,取计算系数 $A_0=110$.

(2) 估算轴的最小轴径

$$d_{\min}=A_0\sqrt[3]{\frac{P}{n}}=110\times\sqrt[3]{\frac{10}{120}}=48.04\ \mathrm{mm}$$

查取联轴器的标准直径,将轴的直径圆整为 48 mm.

【例 13-2】 请指出如图 13-2 所示中轴系结构的错误,并提出改正意见.

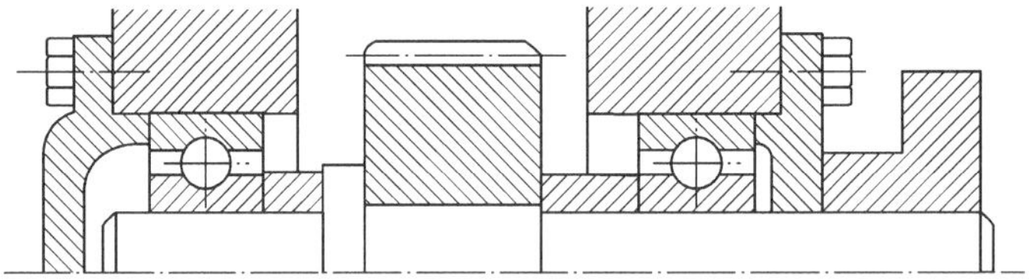

图 13-2 轴系结构

分析 轴的结构设计.

解 如图 13-3 所示.

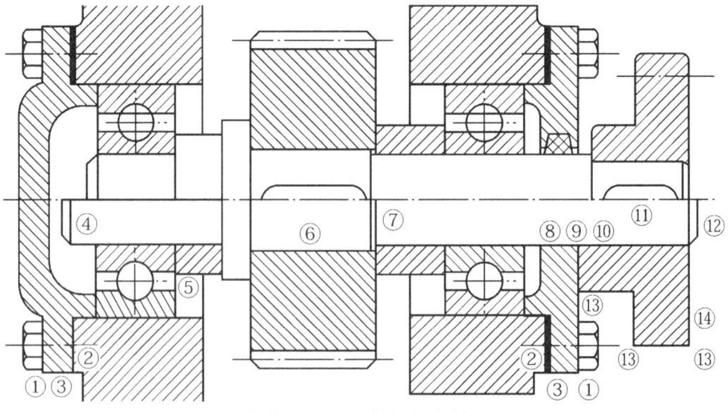

图 13-3 轴系结构

① 两个轴承端盖外因外侧应倒角;

② 两个轴承端盖与箱体接触面间应有调整垫片;

③ 箱体上与端盖的接触面应持有凸台，以减小加工面；
④ 轴端太长，可与轴承左端面平齐或略长；
⑤ 有必要设置套筒可改为外径不超过内圈厚$\frac{2}{3}$的台阶定位，靠轴肩给轴承定位；
⑥ 没齿轮与轴承之间应有键连接；
⑦ 与齿轮配合的轴头长度应比齿轮宽度短 1～2 mm；
⑧ 透盖与轴之间应有间隙，且应有密封毡；
⑨ 联轴器与透盖不能接触，联轴器应右移；
⑩ 联轴器与轴间应有轴肩定位，与其配合段轴径应减小；
⑪ 联轴器与轴间应有键连接，且应与⑥处键在一条线上；
⑫ 轴右端面不应超出联轴器端面，应缩进去 1～2 mm；
⑬ 联轴器上外圆及左端面内、外圆均应倒角；
⑭ 某些类型联轴器应画联轴孔的中心线.

【例 13-3】 已知某汽车传动轴传递的最大功率为 50 kW，转速为 400 r/min，传动轴采用空心轴：轴外径 $d=70$ mm，内径 $d_0=55$ mm，轴许用切应力$[\tau]=30$ MPa.

(1) 按许用扭转切应力校核空心轴的强度.
(2) 若材料不变，采用实心轴，试确定轴的直径.
(3) 比较同样长度时，采用空心轴和采用实心轴质量相差多少？

注：空心轴抗扭截面模量 $W_T=\frac{\pi}{16}d^3\left[1-\left(\frac{d_0}{d}\right)^4\right]$

实心轴抗扭截面模量 $W_T=\frac{\pi}{16}d^3$

分析 按轴的强度计算轴质量.

解 (1)校荷空心轴的强度

$$\tau=\frac{T}{W_T}=\frac{9\,550\,000\,\frac{P}{n}}{\frac{\pi}{16}d^3\left[1-\left(\frac{d_0}{d}\right)^4\right]}=\frac{9\,550\,000\times 50\times 16}{\pi\times 70^3\left[1-\left(\frac{50}{70}\right)^4\right]\times 400}\text{MPa}<[\tau]$$

所以轴的抗扭强度足够.

(2) 确定实心轴的直径

$$d\geqslant\sqrt[3]{\frac{9\,550\,000\,\frac{P}{n}}{[\tau]\,\frac{\pi}{16}}}=\sqrt[3]{\frac{9\,550\,000\times 50\times 16}{[\tau]\,\pi\times 400}}=58.74\text{ mm}$$

取 $d=60$ mm.

(3) 空心轴和实心轴质量比较

实心轴质量$=\gamma\times\frac{\pi}{4}d^2L=\frac{\gamma\pi L}{4}\times 60^2=3\,600\,\frac{\gamma\pi L}{4}$

$$空心轴质量=\gamma\times\frac{\pi}{4}(d^2-d_0^2)L=\frac{\gamma\pi L}{4}\times(70^2-55^2)=31\,875\frac{\gamma\pi L}{4}$$

所以，质量比$=\frac{3\,600}{1\,875}=1.92$，故同样长度的实心轴，其质量是空心轴的 1.92 倍.

13.5 习　题

1. 选择题

(1) 增大轴肩过渡处的圆角半径，其优点是________.

A. 使零件的周向定位比较可靠　　B. 使轴的加工方便

C. 使零件的轴向固定比较可靠　　D. 降低应力集中，提高轴的疲劳度

(2) 只承受弯矩的转动心轴，轴表面一固定点的弯曲应力是________.

A. 静应力　　B. 脉动循环变应力

C. 对称循环变应力　　D. 非对称循环变应力

(3) 转轴弯曲应力 σ_b 的应力循环特性为________.

A. $r=-1$　　B. $r=0$　　C. $r=+1$　　D. $-1<r<1$

(4) 计算表明某钢制材料调质处理的轴刚度不够. 建议：①增加轴的径向尺寸；②用合金钢代替碳钢；③采用淬火处理；④加大支承间的距离. 所列举的措施中，有________能达到提高轴的刚度的目的.

A. 四种　　B. 三种　　C. 两种　　D. 一种

(5) 在做轴的疲劳强度校核计算时，对于一般转轴按________考虑，而扭转切应力通常按________考虑.

A. 脉动循环变应力　　B. 静应力

C. 非对称循环变应力　　D. 对称循环变应力

(6) 为提高轴的疲劳强度，应优先采用________的方法.

A. 选择好的材料　　B. 增大直径　　C. 减小应力集中

(7) 当轴上零件要求承受轴向力时，采用________来进行轴向定位所能承受的轴向力较大.

A. 圆螺母　　B. 紧定螺钉　　C. 弹性挡圈

(8) 在轴的初步计算中，轴的直径是按________进行初步确定的.

A. 静强度　　B. 刚度　　C. 疲劳强度　　D. 耐冲击性能

(9) 工作时只承受弯矩，不传递转矩的轴，称为________.

A. 心轴　　B. 转轴　　C. 传动轴　　D. 曲轴

(10) 采用表面强化如液压、喷丸、碳氮共渗、渗氮、方法，可显著提高轴的________.

A. 静强度　　B. 刚度　　C. 疲劳强度　　D. 耐冲击性能

2. 填空题

(1) 如将轴类零件按受力方式分类，可将受________用的轴称为心轴，受________作用的轴称为传动轴，受________作用的轴称为转轴.

(2) 自行车的前轮轴是________轴,中间轴是________轴,后轮轴是________轴.

(3) 一般单向回转的转轴,考虑启动、停车及载荷不平衡的影响,其扭转切应力的性质按________处理.

(4) 轴上零件的轴向定位和固定,常用的方法有________、________和________.

(5) 一般的轴都需有足够的________,合理的________和良好的________,这就是轴设计的要求.

(6) 轴上零件的周向固定常用的方法有________、________、________和________.

(7) 轴的直径由 40 mm 加大至 45 mm(为原来的 1.13 倍),如果其他条件不变,轴的扭转角减少到原来的________倍,当轴的直径由 40 mm 减少至 35 mm(为原来的 0.87 倍)时,轴的扭转角增加到原来的________倍.

(8) 受弯矩作用的轴,力作用于轴的中点,当其跨度减少到原来挠度的$\frac{1}{2}$时,如果其他条件不变,其挠度为原来挠度的________.

(9) 对大直径的轴的轴肩圆角处进行喷丸处理是为了降低材料对________的敏感性.

3. 综合题

(1) 简述轴的结构设计应满足的基本要求,指出图 13-4 中结构设计的错误,在错误处标出序号,并按序号依次说明理由.

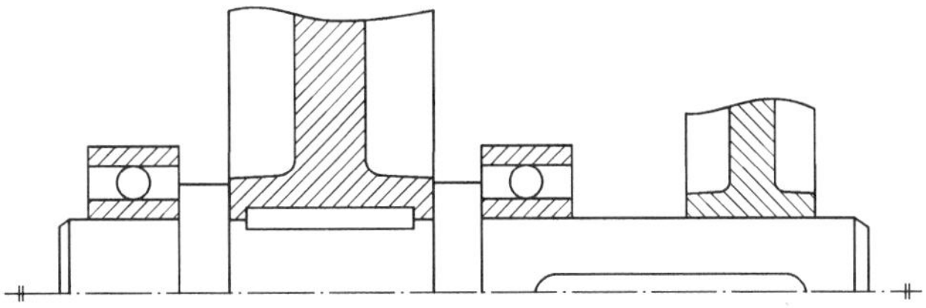

图 13-4 轴结构设计

(2) 设计如图 13-5 所示单级斜齿圆柱齿轮减速器低速轴的结构. 已知齿轮相对支承为对称布置,齿轮宽度 $b_2 = 100$ mm,轴承为 7308AC,两轴承间的跨度 $L = 200$ mm,外伸端装有一个半联轴器,孔的直径为 25 ~ 35 mm,孔与轴的配合长度为 $L' = 60$ mm.

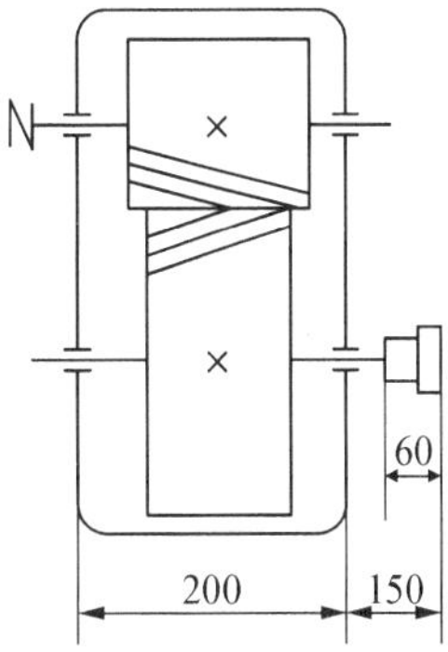

图 13-5 减速器低速轴结构

第14章 联轴器与离合器

14.1 学习要求

(1) 了解常用联轴器的主要类型和用途.
(2) 掌握常用联轴器的结构、工作原理、特点、影响工作性能的因素、选择与计算方法.
(3) 了解常用离合器的主要类型和用途.
(4) 掌握常用离合器的结构、工作原理、特点、选择及计算方法.

14.2 重点和难点

本章学习的重点是联轴器、离合器、制动器的基本功能;常用联轴器、离合器、制动器的结构特点、工作原理和应用;联轴器的选用. 本章学习的难点是合理选择联轴器的类型.

14.3 学习指导

1. 概述

联轴器和离合器主要用于轴与轴之间的连接,使它们一起旋转并传递转矩. 用联轴器连接的两根轴,只有在机器停车后,经过拆卸才能把它们分离;而用离合器连接的两根轴,在机器工作时就能方便地使它们分离或接合.

这二者大多已标准化,掌握它们的主要类型、工作原理和应用,需要时可先根据工况选择类型,再按直径、转速和转矩选定具体型号,一般不需要进行强度校核.

2. 联轴器的分类和特点

根据结构中是否存在弹件元件可将联轴器分为刚性联轴器和弹性联轴器;根据能否补偿两轴间的偏移,联轴器可分为可移式联轴器和固定式联轴器. 联轴器的分类、特点及主要型式见表 14-1.

表 14－1　　　　联轴器的分类、特点及主要型式

分类	特点			主要型式
刚　性 联轴器	固定式	全部由刚性零件组成，没有缓冲减振能力	不能补偿两轴的相对位移	凸缘联轴器，套筒联轴器
	可移式		能补偿两轴的相对位移	齿式联轴器，十字滑块联轴器，万向联轴器，滚子链联轴器
弹　性 联轴器	包含弹性变形元件，具有缓冲、吸振功能，能补偿两轴的相对位移			弹性套柱销联轴器，弹性柱销联轴器，轮胎式联轴器，梅花形联轴器，星形联轴器，膜片联轴器

轴线间相对位移（或称为偏移）包括径向位移、轴向位移、角位移以及这些位移的综合偏移. 如要求联轴器能补偿两轴的偏移，需选用可移式联轴器. 选用可移式联轴器可简化机械的安装过程，同时它所具有的轴线偏移补偿作用可减少因轴线不对中等引起的附加载荷，从而保证机器正常工作. 可移式联轴器的可移性可能为对两轴的转速传递产生影响，如弹性联轴器的存在可以引起输入和输出轴间的运动滞后；十字滑块联轴器、单万向联轴器主动轴和从动轴的角速度不能保证同步.

弹性联轴器的主要作用是依靠弹性元件具有的变形和储能性实现运动传递过程中的缓冲减振作用. 所有弹性联轴器都属于可移式联轴器.

联轴器选择包括类型选择和尺寸型号选择. 类型选择时主要考虑：①两轴偏移的大小和类型；②载荷的性质（是否有缓冲、吸振的要求）；③工作转速的高低；④具体的工作环境和尺寸限制等. 尺寸型号选择时主要考虑：①传递转矩的大小；②被连接轴的直径. 需注意作为选尺寸型号依据的计算转矩 $T_C = K_A T$，其中，T 为名义转矩，K_A 为工作情况系数.

因为与两半联轴器连接的轴的直径不一定相同，所以在尺寸确定时必须协调轴孔直径与轴孔长度.

3. 离合器

离合器根据其工作原理不同分为牙嵌式离合器和摩擦式离合器，它们分别是利用牙（齿）的啮合和工作表面间的摩擦来传递转矩. 按控制离合的方法不同，离合器还可分为操纵式离合器和自动式离合器. 操纵式离合器是根据需要靠人力、液力、气力、电磁力操纵离合，自动式离合器则是根据机器工作参数的改变自动完成接合和分离. 典型的自动式离合器有安全离合器、定向离合器和离心离合器（主轴转速达到某一定值时能自行接合或分离）.

14.4 典型例题

【例 14－1】 作为采用弹性联轴器的主要原因，以下四条中哪一选项最为贴切？

(1) 缓冲、吸振、补偿两轴线误差；(2)便于安装；(3)增加传动效率；(4)选项(1)、(2)均是.

解析　采用弹性联轴器的主要是为了实现缓冲、吸振、补偿两轴线误差. 解题时应注意，虽然选项(1)包括了弹性联轴器的主要特点，但也需对其余几个选项加以分析. 首先，弹性联轴器的安装比较方便，这也是可移式联轴器的特点之一，选项(2)亦成立；其次，由于弹性变形能的存在，弹性联轴器的传动效率并不高，所以选项(3)增加传功效率不正确；正确答案应

该是选项(4)最为贴切.

【例 14-2】 已知一室外运输沙石料的皮带运输机传动系统由电动机、联轴器1、齿轮减速器、联轴器2、皮带运输机组成.已知电机转速为1 500 r/min,功率为7.5 kW,齿轮减速器输出转速为500 r/min,试选择两联轴器的类型.

解析 本题属于联轴器类型的选择.

由于:①运输沙石料的皮带运输机的载荷是变化的,并伴有振动;由于在室外工地中工作,要求做到两轴的完全对中比较困难.②由于振动源来自皮带运输机,所以虽然联轴器1的转速较高,但连接齿轮减速器和皮带运输机的联轴器2的缓冲、吸振要求更高.

根据以上分析,联轴器1采用齿形联轴器,联轴器2采用弹性套柱销联轴器.

注意:机械设计类题目,有时并没有标准的答案,关键是在选择时能根据具体条件加以分析,做到有别有据,如对于本题,联轴器1也可以采用弹性联轴器;但如果联轴器2采用刚性联轴器,由于皮带运输机的振动和冲击将对齿轮减速器有较大的影响,所以就不合适了.

14.5 习 题

1. 选择题

(1) 联轴器和离合器的主要作用是________.

A. 连接两轴一同旋转并传递转矩　　B. 补偿两轴的相对位移

C. 防止机器发生过载　　D. 缓和冲击减少振动

(2) 若两轴的刚性较大、对中性好、不发生相对位移,工作中载荷平稳转速稳定时,宜选用________联轴器.

A. 刚性凸缘　　B. 十字滑块　　C. 弹性套柱销　　D. 齿式

(3) 对于轴线相交的两轴间宜选用________联轴器.

A. 十字滑块　　D. 弹性套柱销　　C. 十字轴式万向　　D. 套筒

(4) 若两轴间径向位移较大、转速较低、载荷平稳无冲击时,宜选用________联轴器.

A. 凸缘　　B. 齿式　　C. 尼龙柱销　　D. 十字滑块

2. 填空题

(1) 联轴器和离合器的根本区别在于____.

(2) 按标准选用弹性套柱销联轴器型号,必要时应验算________的挤压应力 σ_p 和________的弯曲应力 σ_b.

(3) 安全联轴器和安全离合器的主要作用是________________________________.

3. 思考题

(1) 常用联轴器有哪些类型?各类型的结构特点和使用性能如何?选用联轴器的类型时应考虑哪些因素?

(2) 刚性联轴器、无弹性元件的挠性联轴器和有弹性元件的挠性联轴器各有什么优缺点?举例说明它们的应用场合.

(3) 离合器应满足哪些基本要求?常用的离合器有哪些类型?主要特点是什么?用在哪些场合?

4. 计算题

(1) 电动机的输出轴用联轴器连接减速器的输入轴，通过减速后带动某起重设备工作. 已知电动机的功率 $P=22$ kW，转速 $n=970$ r/min，电动机轴的直径和减速器输入轴的直径均为 $d_2=55$ mm，电动机轴伸长度 $L=110$ mm. 试选择电动机与减速器之间的联轴器类型和型号.

(2) 电动机通过减速后驱动搅拌机运转，现用联轴器将减速器的输出轴和搅拌机的轴相连接，减速器的输出轴的转速 $n=300$ r/min，传递的转矩 $T=800$ N·m，两轴工作时有少量偏移. 试选择此联轴器的类型和型号.

第15章 弹 簧

15.1 学习要求

(1) 了解弹簧的功用、种类、结构材料和制造工艺等基础知识.

(2) 了解弹簧的工作特点、特性曲线、刚度和稳定性等基本概念.

(3) 掌握圆柱螺旋压缩、拉伸、扭转弹簧的设计计算,主要包括强度和刚度计算、基本参数和几何尺寸计算、结构设计、特性曲线等.

15.2 重点和难点

本章学习的重点是圆柱螺旋压缩、拉伸弹簧的设计计算. 本章学习的难点是圆柱螺旋压缩、拉伸弹簧的强度和刚度设计参数.

15.3 学习指导

弹簧是机械中应用十分广泛的弹性元件,在受载时能产生弹性变形,将机械功或动能转变为变形能,当卸载时又能将变形能转变为动能或机械功,其重要功用是缓冲或吸振、控制运动、储存能量和测量力或力矩的大小等. 弹簧可分为螺旋形、环形、碟形、板形和盘形等多种类型. 读者应当了解各种弹簧的特点及使用场合,根据使用要求和工作条件正确选择弹簧的类型. 圆柱螺旋压缩、拉伸弹簧应用最为广泛,是本章研讨的重点.

1. 弹簧的特性曲线

弹簧的特性曲线是描绘弹簧的载荷与变形之间关系的曲线. 还应当着重弄清以下概念: ①弹簧刚度的含义; ②定刚度弹簧与变刚度弹簧的区别; ③从弹簧有无外部摩擦消耗能量, 理解卸载过程与加载过程特件曲线是否重合,进而理解各类弹簧的缓冲吸振效果的差异.

2. 弹簧材料和制造

弹簧材料必须有高的弹性极限和疲劳极限、足够的韧性和塑性,以及良好的可热处理

性. 一般机械常用碳素弹簧钢或 65Mn 制造弹簧,重要场合使用 Si, Mn, Cr, V 等合金弹簧钢,对耐腐蚀、导电等有要求时,则采用不锈钢或青铜. 应当注意:①弹簧材料的许用应力与载荷性质有关;按受变载荷作用次数分Ⅰ,Ⅱ,Ⅲ三类;②强度中圆柱拉力、压弹簧采用许用切应力,圆柱扭转弹簧采用许用弯曲应力.

螺旋弹簧的制造过程一般包括卷制(冷卷或热卷)、两端面加工(压缩弹簧)或制作钩环(拉伸弹簧和扭转弹簧)、热处理和工艺试验等. 有时为提高弹簧的疲劳强度,还要进行强压处理或喷丸处理.

3. 圆柱螺旋压缩、拉伸弹簧的设计

圆柱螺旋压缩、拉伸弹簧的设计计算方法是本章应重点掌握的内容. 这种弹簧的设计主要涉及四个方面.

(1) 强度计算. 用来决定弹簧丝的直径 d,计算公式为

$$\tau_{\max}=K\frac{8F_2D_2}{\pi d^3}=K\frac{8F_2C}{\pi d^2}\leqslant[\tau] \quad 或 \quad d\geqslant 1.6\sqrt{\frac{KF_2C}{[\tau]}}$$

(2) 刚度计算. 用来决定弹簧的有效工作线圈数 n,计算公式为

$$k=\frac{Gd^4}{8D_2^3n}=\frac{Gd}{8C^3n}$$

(3) 结构尺寸计算. 用来确定结构尺寸及绘制制造图纸,还应对照有关表格公式进行计算.

(4) 稳定性验算. 对压缩弹簧应以高径比$\left(\frac{H_0}{D_2}\right)$作稳定性验算,若不能满足,应调整结构参数或设置导套.

由上述公式可知,计算弹簧强度和刚度时涉及 9 个参数:最大工作载荷 F_2,刚度 k,中径 D_2,簧丝直径 d,弹簧有效工作圈数 n,许用切应力$[\tau]$,剪切弹性模量 G,弹簧指数 C,曲度系数 K. 其中,载荷 F_2、刚度 k 由设计要求决定. 当材料选定以后,许用切应力$[\tau]$、剪切弹性模量 G 都可查出. 曲度系数 K 只与弹簧指数 $C\left(C=\frac{D_2}{d}\right)$有关. 弹簧指数 C 选定后,就可算出或查图表得出曲度指数 K 值. 所以,实际需要考虑的只有中径 D_2、弹簧丝直径 d、弹簧有效工作圈数 n、弹簧指数 C 四个参数,读者必须熟悉它们对强度和刚度的影响. 实际设计时,为得到合适的弹簧,中径 D_2、弹簧丝直径 d、弹簧有效工作圈数 n、弹簧指数 C 四个参数是需要综合考虑的,有时需要反复调整.

15.4 典型例题

【例 15-1】 设计一受静载荷并有初拉力的圆柱拉伸螺旋弹簧. 已知初拉力 $F_0=115$ N,最大工作载荷 $F_2=500$ N,最小工作载荷 $F_1=200$ N, 工作行程 30 mm,载荷性质Ⅲ类.

解析 本例为一典型的具有韧拉力的圆柱拉伸弹簧设计计算.

(1) 选择材料和确定许用应力

因无特殊要求,改选用B组碳素弹簧钢丝.因碳素弹簧钢丝的许用应力与弹簧丝直径 d 有关,故应先初选一个弹簧丝直径,现设 $d=4$ mm.因载荷性质为Ⅲ类,查表知许用剪应力 $[\tau]=0.5\sigma_B=0.5(1\,324\sim1\,618)=662\sim809$ N/mm^2,$[\tau]=662$ N/mm^2.又考虑到是拉伸弹簧,故其许用剪应力是压缩弹簧的80%,所以 $[\tau]=0.8\times662=530$ N/mm^2.

(2) 计算弹簧丝直径 d

初选 $C=5$,此时曲度系数为

$$K=\frac{4C-1}{4C-4}+\frac{0.615}{C}=1.31$$

按强度公式为 $d\geqslant1.6\sqrt{\dfrac{KF_2C}{[\tau]}}=1.6\sqrt{\dfrac{1.31\times500\times5}{530}}=3.98$ mm

取 $d=4$ mm,与假设相符,故 $[\tau]$ 值合适,不必再进一步计算.否则,应再一步求 $[\tau]$ 值,直至求出的 d 与假定的 d 接近为止.

(3) 计算弹簧中径 D_2 和外径 D

$$D_2=Cd=5\times4=20\text{ mm}$$
$$D=D_2+d=20+4=24\text{ mm}$$

(4) 根据工作要求,计算所需的弹簧刚度 k

$$k=\frac{F}{\lambda}=\frac{F_2-F_1}{\lambda}=\frac{500-200}{30}=10\text{ N/mm}$$

(5) 计算弹簧的工作圈数 n

查表得 $G=80\,000$ N/mm^2

$$n=\frac{Gd^4}{8D_2^3k}=\frac{80\,000\times4^4}{8\times20^3\times10}=32$$

取 $n=32$ 圈.

计算轴向变形量 λ_2,λ_1 为

$$\lambda_2=\frac{F_2-F_0}{k}=\frac{500-115}{10}=38.5\text{ mm}$$

$$\lambda_1=\frac{F_1-F_0}{k}=\frac{200-115}{10}=8.5\text{ mm}$$

注意:对于有初拉力的拉伸弹簧,因为工作时需首先克服初拉力 F_0,弹簧才开始伸长,故在上述的计算中,应将 (F_2-F_0) 及 (F_1-F_0) 代入进行计算.

15.5 习　　题

1. 选择题

(1) ________不能用作弹簧材料.

A. 65　　B. 65Mn　　C. ZSnSb11Cu6　　D. 60Si2MnA

(2) 采用热卷法制成的弹簧,其热处理方式为________.

A. 低温回火　　B. 淬火后中温回火　　C. 渗碳淬火　　D. 淬火

(3) 圆柱螺旋弹簧的旋绕比是________的比值.

A. 弹簧丝直径 d 与中径 D　　B. 中径 D 与弹簧丝直径 d

C. 弹簧丝直径 d 与自由高度 H_0　　D. 自由高度 H_0 与弹簧丝直径 d

(4) 弹簧指数 C 选得过小,则弹簧________.

A. 刚度过小,易颤动　　B. 易产生失稳现象

C. 尺寸过大,结构不紧凑　　D. 卷绕困难,且工作时内侧应力

(5) 圆柱螺旋压缩弹簧可按曲梁受________进行强度计算.

A. 拉伸　　B. 压缩　　C. 弯曲　　D. 扭转

(6) 圆柱螺旋扭转弹簧可按曲梁受________进行强度计算.

A. 扭转　　B. 弯曲　　C. 拉伸　　D. 压缩

(7) 圆柱螺旋弹簧的有效因数是按弹簧的________要求计算得到的.

A. 刚度　　B. 强度　　C. 稳定性　　D. 结构尺寸

2. 填空题

(1) 计算圆柱螺旋弹簧簧丝截面应力时,引进曲度系数是考虑________.

(2) 圆柱螺旋压缩弹簧的最大工作载荷通常应取________.

(3) 弹簧刚度是表示使弹簧产生单位变形时所需的力,刚度愈大,变形愈________,需要的力愈________,则弹簧的弹力就愈________.

(4) 65Mn 弹簧钢丝的抗拉强度极限随弹簧丝直径的增大而________.

3. 分析、计算题

(1) 设计一普通安全阀中的圆柱螺旋压缩弹簧. 已知预调压力 $F_1=500$ N,变形量 $\lambda_1=14$ mm,工作行程 $h=2$ mm,弹簧中 $D=20$ mm, 两端固定支承.

(2) 某圆柱螺旋压缩弹簧，弹簧丝直径 $d=5$ mm，中径 $D=30$ mm，有效圈数 $n=10$，材料为 C 级碳素弹簧钢丝，求弹簧允许的最大工作载荷 F_{max} 和对应的变形量 λ_{max}.

(3) 设计一圆柱螺旋拉伸弹簧. 已知：弹簧中径 $D\approx 12$ mm，外径 $D_2<18$ mm，当载荷 $F_1=160$ N 时，弹簧的变形量 $\lambda_1=6$ mm，当载荷 $F_2=350$ N 时，弹簧的变形量 $\lambda_2=16$ mm.

第16章 机械的平衡与调速

16.1 学习要求

(1) 掌握刚性转子静、动平衡的原理和方法,明确转子许用不平衡量的意义.

(2) 了解飞轮调速原理,掌握飞轮转动惯量的简易计算法.

(3) 了解机械非周期性速度波动调节的基本概念和方法.

16.2 重点和难点

本章学习的重点是刚性转子静平衡和动平衡的原理及计算方法;关于等效质量、等效转动惯量和等效力、等效力矩的概念及计算方法;机械运转产生周期性和非周期性速度波动的根本原因及其调节方法的基本原理.学习的难点是最大盈亏功的确定及机械运动方程的求解.

16.3 学习指导

1. 机械平衡要解决的问题

机械平衡要解决的问题是设法消除或减小在机械运转中构件所产生的不平衡惯性力和惯性力偶矩.

2. 惯性力的平衡方法

构件的运动形式不同,其所产生的惯性力的平衡方法也不同.对于绕固定轴转动的回转构件(即转子),可以在构件本身上用增减平衡质量的方法来使构件获得平衡;对于作往复移动或平面运动的构件则不能做到这一点,而只能在机座上进行平衡,使各不平衡惯性力在机座上获得平衡,而不致传到地基上去.故对于转子的平衡和机构在机座上的平衡这两类不同的平衡问题应有正确理解.

3. 转子的分类

根据转子刚度大小的不同,转子可分为刚性转子和挠性转子. 当转子刚度大时,其一阶临界转速 n_{c1} 自然也大,而当转子的工作转速 n 大时,转子轴线产生的动挠度也就大. 故将 $n < (0.6—0.75)n_{c1}$ 的转子称为刚性转子,在作平衡计算时,不考虑转子轴线的弹性变形;而将 $n \geqslant (0.6-0.75)n_{c1}$ 的转子称为挠性转子,在作平衡计算时,必须考虑在不平衡惯性力的作用下转子产生的挠曲变形.

4. 转子的平衡

转子的平衡,尤其是高速转子的平衡必须认真对待,在设计时需经过平衡计算,推荐用解析法,因用作图法一般难以达到所需的计算精度. 转子做好后还要做平衡试验. 在转速较高的转子零件图上,应明确提出动平衡要求. 即应在图纸上标记允许的残余不平衡量的大小.

5. 机械的平衡与调速

机械经过平衡后,如果其运转速度发生波动,即有角加速度存在,仍会产生动载荷,但此动载荷的方向在转子周向. 所以,机械的平衡和机械的调速,虽然都是为减轻机械中的动载荷,但却是两类不同性质的问题,不能互相混淆.

6. 机器动力学研究的基本问题

机器动力学研究的主要内容是两类基本问题:一是分析机器在运转过程中其各构件的受力情况;二是研究机器在已知外力作用下的运动.

机器的真实运动规律是由其各构件的尺寸、质量、转动惯量和作用在各构件上的力等许多因素决定的. 由于这些因素的变动,机械运动速度一般是波动的,这种速度波动将直接影响机械的工作,所以必须设法加以调节,使其速度波动控制在许可的范围之内,这就是调速问题,也是本章将要研究的另一主要问题.

7. 速度波动

机械的等速运转只有在等效驱动力矩和等效阻抗力矩随时相等的情况下才能实现,否则,机械运转的速度便将发生波动. 而机械运转速度的波动有两种不同的形态. 一种是周期性的速度波动,其产生的条件是:在一个运动周期内,机械的等效驱动力矩和等效阻抗力矩的平均值是相等的(即其驱动功和阻抗功是相等的),所以机械处于变速稳定运转. 另一种则是非周期性速度波动,这时机械的驱动功和阻抗功已失去平衡,机械已不再是稳定运转,机械运转的速度将持续升高或持续下降,如不加以调节就不可能恢复到稳定运转状态. 机械的周期性速度波动和非周期性速度波动是两种性质完全不同的现象. 学习时必须分别弄清楚它们发生的原因、速度波动的形态以及调节的方法,不要混淆.

8. 飞轮与调速器

飞轮的作用是当机器出现盈功时,用动能的形式把多余的能量吸收和储存起来;当机器出现亏功时,又把储存的能量释放出来以弥补能量之不足,从而降低机器运转速度的波动程度,即在机器内部起转化和调节功能的作用,而其本身并不能产生新的能量使机器在一个运动循环中的能量增加或减少.

调速器的作用则不同,它是从机器的外部来调节输入(或输出)机器的能量,使机器恢复稳定运转.

飞轮与调速器的调速原理不同,解决的方法也不同. 正因如此,所以在同一部机器中可能既装有飞轮又装有调速器,这也是一个必须搞清楚的概念.

16.4 典型例题

【例 16-1】 如图 16-1(a)所示的转子上有着偏心质量 $m_1 = m_2 = m_3 = 10$ kg,若已知 $r_1 = r_2 = r_3 = 100$ mm, $a = 80$ mm, $b = 140$ mm, $c = 70$ mm, $d = 50$ mm. 试分析如何才能使该转子得到平衡?

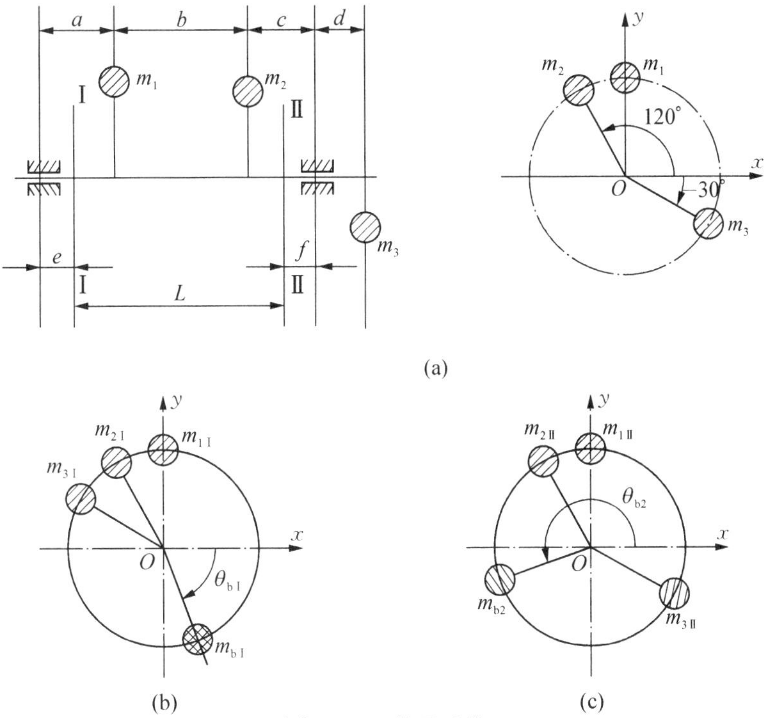

图 16-1 转子系统

解 (1) 分析问题的平衡要求

由于转子的各偏心质量所产生的离心惯性力不在同一回转平面内,转子的轴向尺寸较大,所以它是一个动不平衡的转子. 为了使该转子达到平衡,必须选择两个平衡基面. 如图 16-1所示,取平面Ⅰ,Ⅱ为平衡基面,其离支承的距离 $e = f = 30$ mm. 设取平衡质量的质心至回转轴的距离为 $r_{b1} = r_{b2} = 100$ mm.

(2) 将偏心质量 m_1, m_2, m_3 分解到平衡基面Ⅰ,Ⅱ上

$$m_{1\,Ⅰ} = \frac{m_1(b + c - f)}{L} = \frac{10 \times (140 + 70 - 30)}{230} \approx 7.826\,1 \text{ kg}$$

$$m_{1Ⅱ} = m_1 - m_{1\,Ⅰ} = 2.173\,9 \text{ kg}$$

$$m_{2\,Ⅰ} = \frac{m_2(c - f)}{L} = \frac{10 \times (70 - 30)}{230} \approx 1.739\,1 \text{ kg}$$

$$m_{2Ⅱ} = m_2 - m_{2\,Ⅰ} = 8.260\,9 \text{ kg}$$

$$m_{3\mathrm{I}}=\frac{-m_3(d+f)}{L}=\frac{-10\times(50+30)}{230}=-3.478\ 3\ \mathrm{kg}$$

$$m_{3\mathrm{II}}=m_3-m_{3\mathrm{I}}=13.478\ 3\ \mathrm{kg}$$

(3) 确定在平衡基面Ⅰ，Ⅱ内的平衡质量 m_{b1}，m_{b2} 的大小及方位

根据力的平衡条件，分别由 $\sum F_x=0$ 及 $\sum F_y=0$，平衡基面Ⅰ有

$$(m_{b1})_x=\frac{-\sum m_{i\mathrm{I}}r_i\cos\alpha_i}{r_{b1}}=\frac{-m_{1\mathrm{I}}r_1\cos 90^\circ-m_{2\mathrm{I}}r_2\cos 120^\circ-m_{3\mathrm{I}}r_3\cos(-30^\circ)}{r_{b1}}$$
$$=3.881\ 8\ \mathrm{kg}$$

$$(m_{b1})_y=\frac{-\sum m_{i\mathrm{I}}r_i\cos\alpha_i}{r_{b1}}=\frac{-m_{1\mathrm{I}}r_1\sin 90^\circ-m_{2\mathrm{I}}r_2\sin 120^\circ-m_{3\mathrm{I}}r_3\sin(-30^\circ)}{r_{b1}}$$
$$=-11.206\ 4\ \mathrm{kg}$$

故平衡基面Ⅰ上的平衡质量为

$$m_{b1}=[(m_{b1})_x^2+(m_{b1})_y^2]^{\frac{1}{2}}=11.859\ 7\ \mathrm{kg}$$

方位角为

$$\theta_{b1}=\arctan\frac{(m_{b1})_y}{(m_{b1})_x}=\arctan\frac{-11.206\ 4}{3.881\ 8}=-70.894\ 4^\circ$$

如图 16－1(b)所示.

对平衡基面Ⅱ有

$$(m_{b2})_x=\frac{-\sum m_{i\mathrm{II}}r_i\cos\alpha_i}{r_{b\mathrm{II}}}=\frac{-m_{1\mathrm{II}}r_1\cos 90^\circ-m_{2\mathrm{II}}r_2\cos 120^\circ-m_{3\mathrm{II}}r_3\cos(-30^\circ)}{r_{b2}}$$
$$=-7.542\ 1\ \mathrm{kg}$$

$$(m_{b2})_y=\frac{-\sum m_{i\mathrm{II}}r_i\sin\alpha_i}{r_{b\mathrm{II}}}=\frac{-m_{1\mathrm{II}}r_1\sin 90^\circ-m_{2\mathrm{II}}r_2\sin 120^\circ-m_{3\mathrm{II}}r_3\sin(-30^\circ)}{r_{b2}}$$
$$=-2.588\ 9\ \mathrm{kg}$$

故平衡基面Ⅱ上的平衡质量为

$$m_{b2}=[(m_{b2})_x^2+(m_{b2})_y^2]^{\frac{1}{2}}=7.974\ 1\ \mathrm{kg}$$

方位角为

$$\theta_{b2}=\arctan\frac{(m_{b2})_y}{(m_{b2})_x}=\arctan\frac{-2.588\ 9}{-7.542\ 1}$$
$$=198.945\ 3^\circ$$

如图 16－1(c)所示.

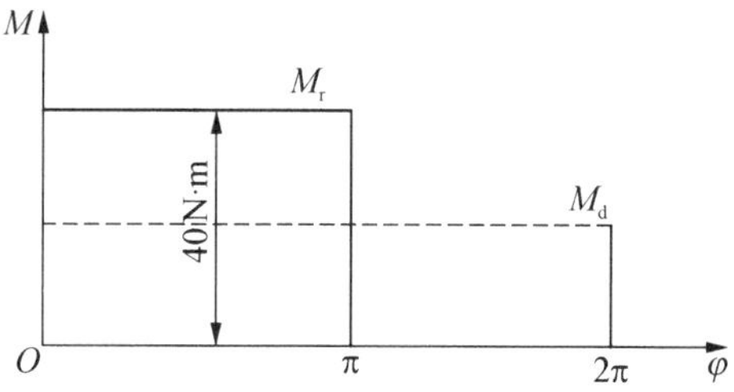

图 16－2　M－φ 曲线

【例 16－2】 如图 16－2 所示为机器在稳定运动阶段一个循环(对应于主轴一转)的阻力矩 M_r 曲线，驱动力矩 M_d＝常数，主轴 $\omega_m=40$ rad/s. 求：

(1) 驱动力矩 M_d；

(2) 最大盈亏功[W]；

(3) 若 $\delta=0.02$，求加在主轴上的飞轮转动惯量 J_F.

解 (1) 在一个周期内，驱动力矩所作的功等于阻力矩所作的功，所以

$$\pi M_r=2\pi M_d$$

$$M_d=\frac{\pi M_r}{2\pi}=\frac{\pi\times 40}{2\pi}=20\ \mathrm{N\cdot m}$$

(2) 最大盈亏功 $[W]=\pi M_d=20\pi$ J.

(3) $J_F=\dfrac{[W]}{\delta\omega_m^2}=\dfrac{20\pi}{0.02\times 40^2}=1.96\ \mathrm{kg\cdot m^2}$.

16.5 习　题

1. 思考题

(1) 机械平衡的目的是什么？

(2) 刚性回转件的动平衡和静平衡有何相同与不同？它们的平衡条件分别是什么？

(3) 什么情况下需要对回转构件进行静平衡或动平衡？在对转子进行了动平衡之后，是否还需要进行静平衡？反之，在进行了静平衡之后，是否还需要进行动平衡？

(4) 为了提高动平衡的效果，两平衡基面的位置及平衡质量的位置应如何选择？

(5) 为什么要进行平衡试验？

(6) 转子不平衡的原因是什么？

(7) 什么是速度波动？为什么机械运转时会产生速度波动？

(8) 飞轮的作用是什么？能否用飞轮来调节非周期性速度波动？飞轮是否可以完全消除速度波动？

(9) 机械速度波动的类型有哪几种？分别用什么方法来调节？

(10) 何谓机械运转的速度不均匀系数？飞轮的转动惯量与不均匀系数有何关系？速度不均匀系数是否越小越好？

(11) 飞轮为何要尽量装在高速轴上？

2. 计算题

(1) 如图 16-3 所示盘状转子上有 2 个不平衡质量：$m_1=1.5$ kg，$m_2=0.8$ kg，$r_1=140$ mm，$r_2=180$ mm. 现用加重法来平衡，求所加质量的大小和相位(设加质量处的半径 $r=140$ mm).

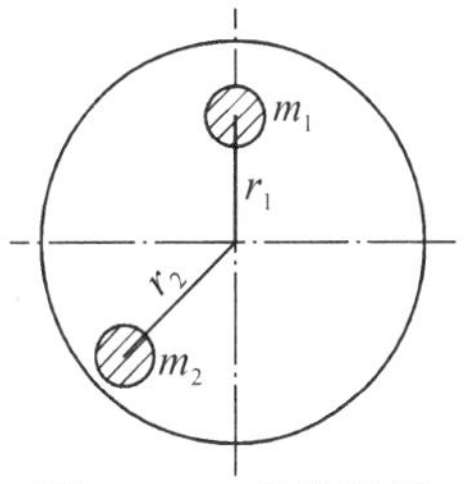

图 16-3　盘状转子

(2) 如图 16-4 所示为一回转体,其上有不平衡质量为 $m_1=1$ kg, $m_2=2$ kg,与转动轴线的距离分别为 $r_1=300$ mm, $r_2=150$ mm. 试计算在 P, Q 两平衡面上应加的平衡质径积 $(m_b r_b)_P$ 和 $(m_b r_b)_Q$ 的大小和方位.

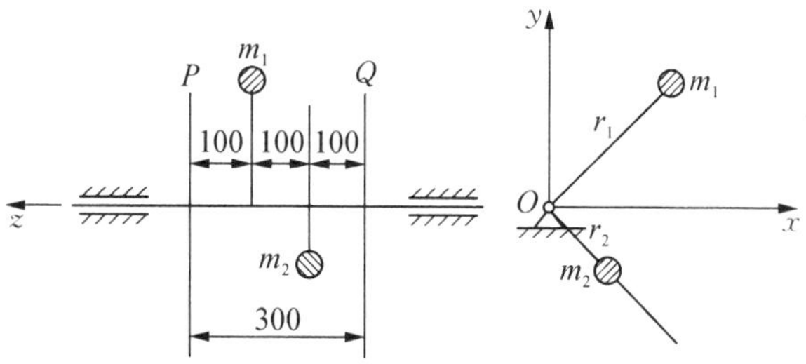

图 16-4 回转体

(3) 如图 16-5 所示某机械系统的主轴稳定运转一个周期的阻力矩变化规律. 转动惯量 $J=0.5\ kg\cdot m^2$,平均角速度 $\omega_m=40$ rad/s,等效驱动力矩为常数. 试求:

(1) 等效驱动力 M_d;

(2) 最大盈亏[W];

(3) 运转速度不均匀系数 δ.

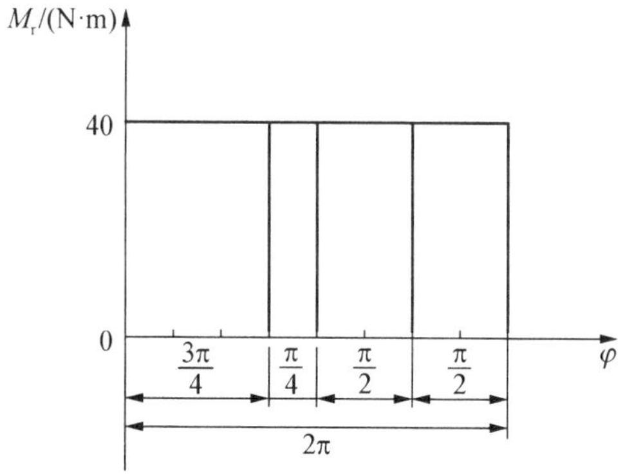

图 16-5 阻力矩变化规律

References 参考文献

[1] 黄平,占旺龙.机械原理习题集[M].北京:清华大学出版社,2020.

[2] 高源,苏志平.机械原理同步辅导及习题全解[M].9版.北京:水利水电出版社,2022.

[3] 张志强,黄小龙.机械原理习题集[M].北京:机械工业出版社,2019.

[4] 王继荣.机械原理习题集及学习指导[M].2版.北京:机械工业出版社,2024.

[5] 孙志宏.机械原理学习指导及习题集[M].2版.上海:东华大学出版社,2021.

[6] 王丹.机械原理学习指导与习题解答[M].北京:科学出版社,2024.

[7] 郭卫东.机械原理教学辅导与习题解答[M].2版.北京:科学出版社,2020.

[8] 修世超,孟祥志,宋万里.机械设计习题与解析[M].2版.北京:科学出版社,2023.

[9] 黄平,孙建芳.机械设计基础习题集[M].2版.北京:清华大学出版社,2024.

[10] 刘峰,贠平利.机械原理与机械设计习题详解[M].青岛:中国石油大学出版社,2018.

[11] 吴宗泽.机械设计习题集[M].北京:高等教育出版社,2024.

[12] 段志坚,徐来春.机械设计基础习题集[M].北京:机械工业出版社,2023.